울릉도
1882

검찰사 이규원의 시간 여행

***일러두기**

1) 전체 일정

서울 출발(4.10)→광주(廣州 4.11)→양평(楊平 4.12)→원주(原州 4.13)→제천(堤川 4.14)→단양(丹陽 4.15)→안동(安東) 내성참(4.16)→봉화(4.17)→영양(4.18)→영해(寧海 4.19)→평해(平海 4.20→4.29)→울릉도(鬱陵島 4.30→5.12)→평해(平海 5.12~14)→울진(蔚珍 5.15)→삼척(三陟 5.16~17)→동해(東海 5.18)→강릉(江陵 5.19~20)→평창(平昌 5.21)→원주(原州 5.23~24)→양평(楊平 5.25)→광주(廣州 5.26)→서울 도착(5.27) 총 47박 48일의 일정이었다.

2) 울릉도 일정

소황토구미(小黃土邱尾, 학포) 도착(4.30)→대황토구미(大黃土邱尾, 태하) 도착(5.2)→흑작지(黑斫支, 현포), 왜선창포(倭船艙浦, 천부), 나리동(羅里洞)에 도착(5.3), 성인봉(聖人峰)을 거쳐 저포(苧浦, 저동) 도착(5.4)→도방청포(道方廳浦, 도동) 도착(5.5)→장작지포(長斫之浦, 사동)에서 통구미포(桶邱尾浦, 통구미)에 도착(5.6), 곡포(谷浦, 남양)를 거쳐 소황토구미(小黃土邱尾, 학포)에 도착(5.7~8), 배를 타고 대황토구미(大黃土邱尾, 태하)→대풍구미(待風邱尾, 대풍감)→흑작지(黑斫支, 현포)→왜선창(倭船艙, 천부)→선판구미(船板邱尾, 선창)→도항(島項, 관음도)→죽도(竹島, 죽서도, 댓섬)를 시찰(5.9), 배를 타고 도방청(道方廳)→장작지(長斫支)→흑포(黑浦)→사태구미(沙汰邱尾)→산막동(山幕洞)→소황토구미(小黃土邱尾)에 도착(5.10), 5월 11일부터 학포에서 동풍을 기다리며 12일 출발.

울릉도

검찰사 이규원의 시간 여행

1882

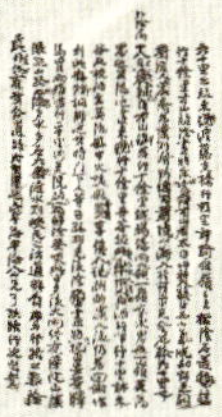

김영수 지음

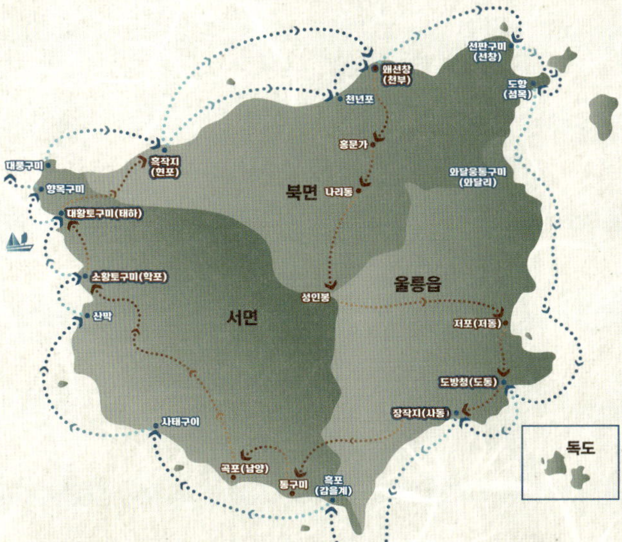

동북아역사재단
NORTHEAST ASIAN HISTORY FOUNDATION

우리나라 역사상 1882년은 임오군란(壬午軍亂)이 발생한 해다. 그런데 임오군란 2개월 전인 1882년 4월 검찰사 이규원은 울릉도에 파견되어 그 지역을 상세히 조사한 후 울릉도에 본격적으로 이주정책을 펼치라는 보고서를 작성했다. 오늘날 울릉도 주민의 형성이 바로 이규원 검찰사의 활동 덕분이다.

필자가 본격적으로 이규원을 주목한 것은 2018년 EBS에서 제작한 『독도채널』에 출연하면서부터다. 그 당시 나는 전 축구 국가대표팀 허정무 감독에게 이규원 검찰사 일행이 울릉도 학포에 있는 돌에 새긴 글씨를 설명했다. 물론 그때 이규원에 관한 논문 1편을 썼지만 한권의 책으로 완성하려는 생각은 없었다. 그런데 100년이 넘은 이규원 검찰사 일행의 글씨를 한 자 한 자 설명하는 도중 과거의 인물이 현재의 나에게 말을 걸고 있는 느낌을 받았다. 그때부터 필자는 검찰사 이규원의 일대기를 한 권의 책으로 써야겠다는 생각에 사로잡혔다.

이규원을 추적하다 보니 그가 무인으로 병법을 체득했을 뿐만 아니라 문인의 성향도 갖고 있다는 사실에 놀랐다. 예를 들면 이규원은 그의 공무출장 일정을 일기로 상세하게 남겼는데 시인 소동파의 「후적벽부(後赤壁賦)」의 내용 중 일부가 그의 일기에 수록되었다. 무엇보다도 이규원의 장인 조희순이 조선시대 유일하게 『손자병법』을 정리하고 해석한 『손자수(孫子髓)』를 집필했다는 사실에 전율했다. 그러면서 나는 이규원의 정신세계를 이해하기 위해서 자연스럽게 소동파의 시집을 펼쳤다. 또한 현재 구할 수 있는 병법서인 『손자병법』, 『오자병법』, 『제갈공명 병법』, 『손자수』 등을 탐독했다. 그 과정에서 나는 병법서가 단순히 전쟁을 준비하는 서적이 아닌 최고의 인문서라는 사실을 깨달을 수 있었다. 그건 과거의 고전을 통해서 지혜를 찾아가는 과정이었다.

이규원의 47박 48일의 공무출장 과정을 살펴보면서 그가 과거 지나간 장소가 지금도 최고의 여행지임을 알게 되었다. 당시 이규원이 울릉도를 다녀오려면 서울에서 평해를 왕복해야 했는데, 이규원이 지나간 관동팔경은 지금도 많은 사람이 다녀가는 관광명소이다. 그래서 나는 이규원이 지나가며 기록한 장소를 최대한 복원하려고 시도했다. 그러면서 자연스럽게 이규원이 지나간 장소의 그림을 찾게 되었고 겸재 정선의 『관동명승첩(關東名勝帖)』을 발견할 수 있었다. 나는 겸재 정선이 그린 화첩을 추적하면서 한국의 그림과 풍경을 집필에 보탤 수 있었다. 그건 최고의 지적 여행이었다.

그 밖에 이규원이 출장 과정에서 만난 다양한 사람들 중 한명이 바로 갑신정변의 주역 김옥균의 양부(養父) 강릉부사 김병기였다. 김병기와 김옥균의 관계를 보강하면서 나는 이규원의 기록에 나타난 인물을 최대한 조사하여 복원하려고 노력했다.

사람이 앞날을 고려하지 않으면 반드시 눈앞에 근심이 생기는 법이듯 책을 마무리하면서 다음에 나올 인물서적을 또다시 꿈꾸며 나 자신을 채찍질해 본다.

2024년 6월

김영수

프롤로그: 소동파와 적벽부

최상의 군대는 적의 계책을 정벌하는 것이고 그다음은 적의 외교를 정벌하는 것인데, 만약 적이 계책을 세울 적에 우리의 정벌이 미처 적의 계책을 깨뜨리지 못하고 적의 외교가 이미 이루어졌으면 전쟁이 있을 뿐이다.(『손자병법』)

검찰사(檢察使)는 고려와 조선시대에 병력을 동원하여 특별 임무를 수행하고 단속하며, 조사를 진행하거나 외적에 대항하는 임무를 수행했다.[1] 이규원(李奎遠, 1833~1901)은 고종 시대 검찰사 업무만 수행한 유일한 인물로, 병력을 인솔하고 사법권을 수행하는 특별 검찰의 임무를 수행했다.[2]

이규원의 검찰사 활동은 독도를 발견하려는 노력뿐만 아니라 역사적 맥락에서 한일관계에 중요한 의미를 갖고 있었다. 그의 활동은 대

안견이 그린 적벽도 (15세기, 국립중앙박물관)

외적으로 일본인의 울릉도 도항 금지라는, 일본 정부가 중앙과 지방에 반포하는 명령인 '유시(諭示)'를 끌어냈다. 1882년 12월 16일 일본 외무경 이노우에 가오루[井上馨]는 일본인의 울릉도 도항 금지에 관한 유시를 작성했는데, "울릉도에 대해 조선 정부와 의정(議定)한 연월을 삽입해서 종래부터 조선에 속했으며 특별히 오늘날에 정한 것이 아님을 인증(引證)하고 울릉도의 위치를 명시하여 도항을 금하는 것"이라고 밝혔다. 이에 대해 1883년 3월 1일 태정대신(太政大臣) 산조 사네토미[三條實美]는 이노우에가 상신한 문서를 승인했다.

그뿐만이 아니었다. 이규원의 울릉도 검찰 이후 조선 정부는 본격적인 울릉도 이주정책을 실행했고 조약에 기초하여 울릉도를 불통상(不通商) 항구로 판단하여 일본인의 불법 행동에 대해서 '벌금'에 처할 것도 지시했다. 고종은 이규원의 검찰 보고서와 면담을 통해서 이규원의 단계적 울릉도 이주정책을 받아들여 실행했다. 울릉도에서 불법으로 벌목한 일본인을 추방하기 위한 외교적 노력과 울릉도 관련 행정제도 신설, 울릉도 이주를 위한 백성 모집 등이 바로 그것이다. 그 결과 조선은 울릉도의 행정관할정책을 구체적으로 추진했다.

그동안 조선 정부는 울릉도 정책을 '수토(搜討)'라는 용어로 표기했고, '울릉도 수토관'이라는 명칭을 공식적으로 사용했다. 따라서 1882년 이규원의 검찰사 활동 이전까지 조선 정부의 울릉도 정책은 '수토정책'이라고 규정하는 것이 합리적이다.[3] 그런데 기존 연구는 이규원의 검찰사 활동 이후 고종의 울릉도 정책을 '개척'과 '재개척'이라는 용어를 혼용하여 사용했다. 하지만 이규원의 검찰사 활동 이후 조선의 울릉도 이주정책이 본격적으로 실행되었다는 사실을 고려한다면, 1882년 이후

고종의 울릉도 정책은 '이주정책(移住政策)'이라고 부르는 것이 타당할 것이다.[4]

이규원은 서울을 떠나 울릉도를 검찰하고, 다시 서울로 돌아오는 총 47박 48일 동안 긴 국내 출장 일정을 수행했다. 그는 서울에서 출발하여 경기도와 강원도를 거쳤고 충청도와 경상도를 지나서 울릉도를 조사했는데, 그의 검찰 일정은 그야말로 산 넘고 강 건너 바다를 건너는 특별 임무를 수행하는 공무출장이자 동시에 오지를 체험하는 조선 여행이었다.

울릉도검찰사(鬱陵島檢察使) 이규원은 1882년 4월 7일 창덕궁 희정당(熙政堂)에서 고종을 면담하고 4월 10일 서울에서 출발해 4월 12일 원주목(原州牧), 4월 20일 평해군(平海郡)에 도착했다. 서울에서 출발한 지 20일이 지난 4월 29일 오전 구산포(邱山浦)에서 울릉도로 출항했고 4월 30일 오후 6시경 울릉도 서쪽 학포[小黃土邱尾]에 도착해 본격적으로 울릉도 현지 조사를 시작했다.

조사를 마친 이규원 검찰사 일행은 5월 12일 아침 울릉도를 출발하여 그날 저녁 10시경 평해 구산포에 정박하고 육지로 올랐다. 5월 15일에 평해를 출발한 일행은 동해안을 따라 5월 19일 강릉에 도착했다. 5월 25일에는 원주에서 출발하여 5월 27일 서울 인근에 도착한 후 본격적으로 계본(啓本)을 작성했다. 이규원은 1882년 6월 4일 별단(別單)과 지도(地圖) 등을 준비하여 고종을 개별적으로 만났지만 공식적으로는 6월 5일 창덕궁 희정당(熙政堂)에서 고종을 알현했다.

날짜	장소
울릉도로 가는 길	
1882.04.07	고종 알현
1882.04.10	서울에서 출발
1882.04.12	원주목 도착
1882.04.20	평해군 도착
1882.04.29	구산포에서 울릉도로 출항
1882.04.30	울릉도 학포 도착
1882.05.01.~05.11	울릉도 현지 조사
서울로 돌아오는 길	
1882.05.12	울릉도 출발, 구산포 도착
1882.05.15	평해 출발
1882.05.19	강릉 도착
1882.05.25	원주 출발
1882.05.27	서울 인근 도착, 계본 작성
1882.06.05	고종 알현

1882년 4월 17일 이규원은 서울에서 평해로 가는 여정 중 봉화현(奉化縣)에서 점심을 먹고 10여 리를 가서 봉화 명호면의 강가인 도천(刀川)에 도착했다. 그가 개울가 반석(盤石)에서 잠시 쉬고 있을 때 누구인지 모르지만 "산고월소(山高月小) 수락석출(水落石出)-산은 높고 달은 자그마한데 수면이 낮아지니 바위가 드러난다"[5]라는 여덟 자를 돌에 새겨서 붉게 칠해 놓은 것을 보았다. 이규원은 "심신이 상쾌하여 말에서 내려 천천히 걸으니 산수가 절경이었다. 이곳을 지났던 41년(追憶四十一年) 전 어릴 적 추억이 떠오른다. 대추나무를 털던 당시의 가을 풍경이 한바탕 꿈만 같았다"[6]라고 하였다.

"산고월소 수락석출"은 소동파의 「후적벽부(後赤壁賦)」에 나오는 대목이다. 50세인 이규원은 현실 참여와 현실 도피 사이에서 소동파의 「후적벽부」를 인용하며 꿈 같은 현실을 자각했다. 이규원의 정신세계와 연결된 소동파의 시와 삶을 추적하면 다음과 같다.

중국 고전문학사에서 시문(詩文)의 대표 작가로 꼽히며, 본명은 소식(蘇軾, 1037~1101)이고, 동파(東坡)는 호이다. 1080~1084년까지 후베이성[湖北省] 황저우[黃州]에서 유배 시절 「전후(前後) 적벽부(赤壁賦)」를 창작했다. 친구의 주선으로 옛날의 군사 주둔지였던 황무지를 얻어서 이를 개간해 동파라 이름 짓고 스스로 동파거사(東坡居士)라고 부른 것도 이때의 일이었다.

동파적벽(東坡赤壁)은 후베이성 황강[黃岡]시 황저우구에 있는 절벽이다. 적벽은 중국 후베이성 황저우의 명승지로, 소동파는 1082년 7월 16일과 10월 15일 밤 두 차례에 걸쳐 뱃놀이를 갔는데, 이때의 감상을 노래한 것이 「전후 적벽부」이다. 적벽은 문인화가들이 그림으로도 많이 그렸는데, 적벽도에는 적벽을 표현한 절벽, 동파모(東坡帽)를 쓴 동파와 2명의 친구가 탄 배가 넓은 수면 위에 떠 있는 것이 공통적인 요소로 등장한다.[7]

강변에 붉은 사력암(砂礫岩) 암벽이 강물에 침식되어 붉은 절벽을 형성하고 있다. 소동파는 황저우로 귀양 왔을 때 종종 이곳으로 놀러 와서 적벽대전이 발생한 곳으로 오인했다고도 한다. 이곳에서 그는 「전후 적벽부」, 「염노교(念奴嬌)」, 「적벽회고(赤壁懷古)」 등을 창작했다. 현재는 이곳에 양부당(兩賦堂)이 있어 동파의 「전후 적벽부」를 나무와 돌에 새겨 두었다.[8]

동파적벽은 창장[長江]이 흐르는 주변에 위치했다. 양쯔장[揚子江]이라는 이름은 고대 제후국인 양(揚)나라에서 따온 것으로 유럽인들이 즐겨 쓰는 이름이며, 중국인은 '긴 강'이라는 뜻의 창장[長江]이라고 쓴다. 나일강과 아마존강에 이어서 세계에서는 세 번째로 길다. 길이는 6,300km이며, 유역은 동서로 약 3,200km, 남북으로는 970km가 넘게 뻗어 있다. 티베트에서 발원하여 상하이[上海]·난징[南京]·우한[武漢]·충칭[重慶]과 같은 인구 100만 명 이상의 거대도시가 이 강의 유역에 자리 잡고 있다.[9]

소동파는 중국 북송 시대의 정치가이자 시인이었다. 그는 1036년 미산[眉山메이산, 현재 四川省]에서 출생했는데 그의 자(字)는 자첨(子瞻)이고 호는 동파거사(東坡居士)였다. 동파는 송나라 시대를 대표하는 시인이자 예술가로 시뿐 아니라 산문과 사(詞), 서화(書畫)에 이르기까지 뛰어난 재능을 발휘했다. 그는 부친 소순(蘇洵), 아우 소철(蘇轍)과 더불어 당송팔대가 중의 한 사람으로 꼽히며, 이 세 부자를 일컬어 '삼소(三蘇)'라고 부르기도 한다.

소동파는 1057년 예부시(禮部試)와 1061년 과거시험 제과(制科)에 합격하여 1065년 역사편찬관인 직사관(直史館)이 되었다. 1071년 신법당과의 정치적 마찰로 자청해서 항주통판(杭州通判)이 되었다. 1074년에는 반려자인 애첩 조운(朝雲)을 얻었다.

1079년 구법당(舊法黨)에 소속한 호주(湖州) 태수 소동파는 왕안석(王安石, 1022~1086)의 신법(新法)을 반대하면서 "독서가 만 권에 달하여도 율(律, *왕안석의 신법)은 읽지 않는다"라는 시 등을 썼다. 그 결과 필화사건을 일으키며, 1079년 어사대(御史臺)의 감옥에 갇혀 사형 위기에 직면했지만 후베이성 황저우에 유배되는 것으로 그쳤다.

50세가 되던 해 철종(哲宗)이 즉위함과 동시에 구법당이 정국의 주도권을 장악하자 그는 예부낭중(禮部郎中), 중서사인(中書舍人), 한림학사지제고(翰林學士知制誥), 병부상서(兵部尙書), 예부상서(禮部尙書) 등을 역임하며 초고속으로 승진했다. 그러나 황태후(皇太后)가 죽고 신법당이 다시 정권을 잡자, 그는 1094년 59세로 후이저우[惠州]로 유배되었고, 1097년 중국 최남단의 하이난섬[海南島]의 단저우[儋州]로 유배되었다. 7년 동안의 유배 후 휘종(徽宗)의 즉위와 함께 유배가 풀렸으나 돌아오던 도중 장쑤성[江蘇省]의 창저우(常州)에서 사망했다. 그는 유배 중에 궁핍한 생활을 했는데 황무지를 빌려 경작해야 하는 현실을 겪었다.

소동파는 뛰어난 재능으로 시문서화(詩文書畵) 등에 훌륭한 작품을 남겼으며 좌담(座談)을 잘하고 유머를 좋아하여 누구에게나 호감을 주었으므로 많은 문인이 따랐다. 당시(唐詩)가 서정적인 데 비하여 그의 시는 철학적 요소가 짙었고 새로운 시경(詩境)을 개척했다고 알려졌다. 그는 기본적으로 유교 사상에 뿌리를 둔 현실참여주의자였지만, 일생의 상당 부분을 유배 생활을 하면서 불교사상과 도교사상에서 비롯된 현실도피적 사고방식도 동시에 지니게 되었다. 그는 물질세계의 허무함을 간파하고 자연으로 돌아가려는 초월적 인생관을 그의 예술에 투영했다.[10]

소동파는 북송(北宋, 960~1127) 시대를 살았다. 북송은 한족(漢族)이 세운 당나라를 계승한 국가였다. 송조(宋朝) 300년 동안 대외관계는 중요한 문제였는데 단순히 외국과의 관계에만 한정된 것이 아니라 국내의 정치와 사회 문제와도 긴밀히 관련되었다. 10세기 초 거란(契丹)족은

결집하여 요(遼=契丹)를 세우고, 북쪽에 있던 요나라는 1004년 남하하여 송을 침공했다. 서북 변경에서는 티베트계인 탕구트족[黨項]이 서하(西夏)를 세워 송에 대항하자 송은 1044년 재물을 보내는 것으로 화의할 수 있었다. 질적으로 열악함을 면치 못한 송의 군대는 군사적 실력에서 요와 하보다 열세에 놓여 있었다. 송은 세폐(歲幣, *공물)의 형식으로 명목적이고 의례적인 대외적 우위만을 유지했다. 이어 금이 동북지방에서 발전하여 요를 멸망시키자 송의 열세는 결정적으로 되었다. 송은 북부 지역을 금에게 빼앗기고 금의 신하 혹은 조카라는 처지로 떨어졌다. 요·금·하는 모두 자국의 문화적 독립정신을 강화했다. 중국 주변의 여러 민족이 민족적 자각에 눈뜨면서 중국과 대등한 국가의식을 갖고 행동했다. 고려도 송과 화친관계를 유지하며 국가체제를 정비했는데 요나라의 위협에 직면한 고려와 북송은 우호적인 외교관계를 지속했지만, 양국의 조공무역에 따른 물품과 비용 때문에 갈등도 발생했다.

한편 유교는 송학(宋學)으로 불리는 신유학이 사변적 우주관에 따라 철학으로 구축되었다. 신유학은 천리(天理)와 인성(人性)을 명확히 했다고 해서 성리학(性理學)이라고도 한다. 신유학은 조선과 일본 등 주변의 동아시아 여러 나라로 전해져 각 나라의 사상계와 정계에 큰 영향을 미쳤다.

송대에 들어 통일정치의 시대가 되자 문치주의 아래에서 유학은 새로운 기운을 만났다. 유학 본래의 목적인 도의(道議)·명분(名分)·수양(修養)의 자각을 심화시키고, 유학을 국가의 정치와 개인의 생활과 연결하고자 했다. 즉 불교의 번성에 자극을 받아 심오한 철학적 사변을 전개했다. 또 명분으로 화이(華夷)의 구별을 바로잡은 민족주의를 고취했는데 황제의 독재 권력 아래 사인층(士人層)에 사회적 기반을 둔 관료들이 관료정치를 시행했다.

송학의 시조로 추앙받는 이는 주돈이(周敦頤, 960~1127)다. 그는 유교에 기초하여 도사(道士)와 선승(禪僧)의 가르침에 영향을 받은 『태극도설(太極圖說)』을 저술하고 우주생성의 원리를 설명했다. 태극이라는 우주의 본체에서 음양이라는 두 가지 기가 나오고, 오행인 목화토금수가 나오는데, 오행의 결합으로 남녀의 기운이 생겨나고 교감 조화한 결과 모든 현상과 만물이 발생한다. 그리고 인간의 도덕인 인의를 이 우주생성의 원리에 따라 설명하고, 인간이 도덕을 실천하는 것은 우주 생성 조화의 이치에 따르는 것이라고 했다. 주돈이의 학설을 발전시킨 정이(程頤, 1033~1107)는 도교와 불교의 두 종교를 받아들여 본체론과 심성론으로 정리했다. 정이는 우주의 본체를 이(理)라 하고 이(理)가 작용하여 모든 현상이 나타난다고 보아 이(理)와 현상은 불가분의 관계에 있으며 이(理)를 나타내는 것이 역(易)이라고 했다. 주돈이와 정이학파는 철학적 사색으로 우주의 본체를 명확히 하고 성인의 도를 널리 떨치고 도덕의 근원을 추구하는 철학파였다.

동시에 경서, 특히 『춘추(春秋)』를 연구하여 명분을 바르게 하고 올바른 역사를 확인하여 정치와 도덕을 혁신하고 화이를 구분하여 중화(中華)를 나타내 보인다는 역사학파가 형성되었다. 구양수(歐陽脩, 1007~1072)는 역사학파의 선구자로서 『춘추(春秋)』 등의 경서를 비판하면서 『신당서(新唐書)』 등을 편집했다. 그의 문하에는 소동파, 소철, 왕안석 등의 수재들이 배출되어 문장계와 정치계에서 활동했다. 구양수와 대등한 역사학파의 실력자는 사마광(司馬光, 1019~1086))으로 『자치

통감(資治通鑑)』의 저자이다. 『자치통감』은 『춘추』의 체제를 본받아 명분을 바르게 하고 군신의 대의를 명확히 하려 한 사서(史書)로서 정치의 지침을 제시했다.

송대에는 문치정치가 행해져 관료조직이 크게 확대되었다. 송대의 관료는 과거제도, 특히 진사과 합격자가 아니면 고위 관직에 오르기가 어려웠다. 과거에는 시부(詩賦) 등 진사과(進士科)와 경서 등 제과(諸科)가 있었다. 북송은 사대부라 불리는 새로운 계층이 형성되어 학문을 쌓고 과거에 합격했다. 사대부는 과거로 선발된 중소지주 출신이었는데 학문과 예술의 담당자가 되었고 사명을 자각하면서 예술을 수양으로 삼았다.

송대 국내정치를 살펴보면 신법당의 지도자 왕안석은 주로 영세 농민의 보호, 대상인과 대지주의 억제를 목표로 신법 개혁을 실행했다. 당시 농민들은 악덕 대주주와 대상인 또는 이들과 결탁한 관료들의 악정에 시달리고 궁핍해져 도적이 되었는데, 『수호전(水滸傳)』에는 관헌들에게 저항하는 농민의 모습이 생생하게 묘사되었다.[11]

반대로 구법당의 지도자 사마광은 대지주와 대상인의 지지에 근거하여 구법 수호를 주장했다. 그 과정에서 소동파는 외교적으로 조공무역의 폐단을 지적하며 반(反) 고려적 입장에서 양국 외교관계의 재정립을 주장했는데 신법을 반대하며 사마광 정치세력의 핵심 인물로 활동했다. 그런데 당시 관직에 있던 소동파는 고려가 송에게 해로움을 끼친다며 고려 해악론(害惡論)까지 주장했다. 심지어 고려 사신이 송의 연호를 쓰지 않는다며 돌려보내고 대각국사 의천(義天, 1055~1101)이 불교서적을 수집하는 것조차 방해했다. 그는 고려에 서적을 판매하는 것을 금지하자는 상소문을 7차례나 올리기도 했는데 그 이유는 고려의 공물은 무용지물인데 고려에게 주는 사여품은 백성의 고혈이며, 사여품이 거란에 흘러 들어가 이용된다는 것이었다. 소동파는 고려가 의를 사모한다 하나 실리를 추구하면서 송의 허실을 엿보았는데 심지어 송의 정보를 유출한다고 의심했다. 그는 고려를 직설적으로 오랑캐라 부르면서 금수(禽獸)와 같다고 주장했다. 이렇듯 소동파는 중화에 대한 우월적 사상을 갖고 있었으나 고려에 대한 시기심과 열등의식도 갖고 있었다.

그럼에도 고려시대 이규보를 비롯하여 이제현(李齊賢), 조선시대 기대승(奇大升), 송시열(宋時烈), 정약용(丁若鏞) 등은 그들의 문헌 『동국이상국문집(東國李相國文集)』, 『동문선(東文選)』, 『고봉집(高峯集)』, 『송자대전(宋子大全)』, 『다산시문집(茶山詩文集)』 등에서 소동파를 인용하고 찬미했다.[12] 추사 김정희(金正喜)도 소동파를 존경했다. 김정희는 젊은 시절 청국에 갔을 때 평생의 스승이 된 옹방강(翁方綱, 1733~1818)의 서재에서 오역(吳歷, 1632~1718)의 「동파입극도(東坡笠屐圖)」를 본 적이 있었다. 김정희 또한 공교롭게도 55세에 제주도로 유배를 떠나 9년을 보냈다. 이때 제자 허련(許鍊)에게 「동파입극도」에 기초한 자신의 모습을 그려 달라고 부탁했다. 그 작품이 「완당선생 해천일립상(阮堂先生 海天一笠像)」이다. 이것은 김정희가 어려움을 당했을 때 자신을 소동파와 동일시했다는 사실을 알려 준다.

소동파가 적벽에서 뱃놀이를 하며 남긴 「전후 적벽부」가 고려 및 조선에 전파된 이후 조선에서는 그로 말미암은 뱃놀이가 7월 기망(旣望)이나 10월 보름날에 행해졌다. 이러한 풍속은 동파의 적벽 선유(船遊)를 풍류로 인식하면서 성행하였고, 문인들의 예술적 감흥을 일으켜 그와 관련된 그림이나 시부 등과 같은 예술작품의 탄생에 일조했다.[13]

소동파는 시성(詩聖) 두보와 시선(詩仙) 이백과 쌍벽을 이루는 시불(詩佛) 왕유(王維, 701~761)의 "시 속에는 그림이 있고 그림 속에는 시가 있다"라는 주장을 극찬했다. 왕유는 당대(唐代: 618~907) 수도 창안[長安]에 살았던 인물이었는데 시, 음악, 그림에 뛰어난 재주를 가졌다. 그는 설경산수화(雪景山水畫)로 유명했으며, 가장 유명한 작품은 「망천도(輞川圖)」라는 화권(畫卷)이었다. 그는 상서우승(尙書右丞) 등의 고위 관직에 올랐지만 속세에 환멸을 느꼈다. 아내와 어머니의 죽음으로 더욱 슬픔에 빠진 그는 창안 중난산[終南山]의 망천(輞川) 옆에 있는 시골집에 틀어박혀 불교 연구에 몰두했다.

왕유는 산중 시골집에서 한가한 삶을 동경하여 생의 절반은 관리로, 절반은 은둔으로 살았던 인물이었다. 왕유의 「송별」이라는 시는 산속으로 들어가는 벗을 송별하면서 세속적 인생에 미련을 두지 말 것을 표현한 것이었다.

> 말에서 내려 그대에게 술을 권하며 어디로 가느냐고 물으니 그대 말하네. '세상에서 뜻을 얻지 못해 남산 기슭을 돌아가 은거하리라.' 그저 떠나가기만 하오 다시 더 말하지 말고. 산중엔 자욱한 흰 구름 다할 날 없으리니.[14]

왕유를 동경한 소동파는 자신의 회화론을 다음과 같이 표현했다.

> – 시와 그림은 본래 하나이니 하늘의 조화(天工)이고 맑고 새로워야[淸新] 한다.

- 대나무를 그릴 때는 먼저 네 마음속에 대나무가 있어야 한다.

소동파는 시서화일치(詩書畵一致)와 정신주의적 예술론을 갖고 있었는데 객관과 정신이 근본적으로 재현에 있으므로 대상을 정확히 관찰하고 구현해야 한다고 생각했다. 그는 대상의 정신을 파악하는 동시에 작가의 자아를 표현해야 한다고 주장했다. 소동파에 따르면 "대나무를 그릴 때는 반드시 마음속에 완성된 상태의 대나무를 구상한 다음, 붓을 잡고 오랫동안 그것을 응시하다가 그리고 싶은 부분이 보이면 얼른 일어나 붓을 휘둘러 단숨에 끝내야 한다"라고 했다. 그것은 그림에 마음을 투영해야 한다는 서구 인상주의와 그 맥락이 연결되었다.

소동파는 문장론에서 "대화용어가 시에 사용될 수 있다"라며 자연스러운 문장을 추구했다.

- 매일 사용하는 말과 거리에서 쓰이는 언어 등 모든 것이 시에 사용될 수 있다.
- 글을 짓는 것은 떠가는 구름이나 흘러가는 물과 같아서 원래 정해진 바탕이 없다. 다만 마땅히 흘러가야 할 곳으로 흘러가고 그쳐야 할 곳에서 멈춘다.
- 알 수 있는 것은 항상 가야 할 곳으로 가고 항상 멈추지 않을 수 없는 곳에서 멈춘다는 것이다.
- 옛글은 글을 짓지 않을 수 없게 된 다음에 지어서 대체로 훌륭하게 된 것이다. 산천에 구름과 안개가 있고 초목에 꽃과 열매가 있는 것은 그 속이 가득히 차서 그것이 바깥으로 삐져 나온 것이다.[15]

소동파의 「적벽부」는 조선시대 경기와 서도의 시를 그대로 부르는 송서(誦書)로 각각 전승되어 불리는 이외에도 판소리 단가 「적벽부」가 있었다. 판소리 단가 「적벽부」는 정정렬(丁貞烈)이 곡조를 붙인 것이라는 설이 있다. 판소리 단가 「적벽부」는 그중 전편에 우리말로 토를 달거나 내용을 조금씩 바꾸어 만든 것이다. 중모리장단으로 부른다. 단가 「적벽부」의 어조는 "인생이 짧음을 슬퍼하고 창장[長江]이 끝없이 흘러감을 부러워하느니, 신선이 되어 밝은 달과 함께 장생불로 하지 못할 것을 아쉬워하겠노라"라는 것으로 귀결된다. 그런 다음 새로운 깨달음을 다음과 같이 제시한다.

> 유유(悠悠)한 세상사를 덧없다 한을 말고, 그윽이 눈을 들어 우주를 살펴보라. 덧없다 볼작시면 천지가 일순(一瞬)이요, 변함없다 생각하면 만물이 무궁이라.

끝으로 "세잔(洗盞)의 갱작(更酌)을 하여서 거드렁거리고 놀아보세"라고 하면서 초연한 자세와 홍취를 드러낸다.[16]

소동파는 1082년 7월 16일에 「전적벽부(前赤壁賦)」를 지었는데 3개월 뒤 「후적벽부(後赤壁賦)」를 지었다. 「전적벽부」는 주로 인생의 깊고 오묘한 이치[哲理]를 서술했다. 「전적벽부」는 도가(道家)의 무위자연사상(無爲自然思想)을 바탕으로 중국인들의 세속을 초탈한 인생관과 자연관을 담았다. 즉 소동파가 황저우의 적벽을 선유(船遊)하면서 느낀 웅대한 자연 앞에 보잘것없는 인간, 인생무상(人生無常)에 대하여 읊은 것으로부터 외부의 객관적인 대상을 통해 얻은 경험을 자신의 주관적인

적벽도赤壁圖 (국립중앙박물관)

세계와 결합시켰다.[17]

소동파는 1082년 7월 16일 손님과 더불어 적벽 밑에서 배를 타고 놀며 「전적벽부」를 남겼다. 소동파는 순간의 영속성을 깨달았는데 유한한 인간이지만 순간적인 자연과의 교감을 통해서 인간의 영원성을 탐구했다.

하루살이 인생을 천지간에 맡기고 사는 우리는 드넓은 바다에 떨어진 좁쌀만큼 작지요. 우리네 인생이 한순간인 것이 슬프고 이 창강[長江]이 끝없이 흐르는 것이 부럽군요. 신선을 끼고 마음대로 노닐고 명월을 안고 오래 살고 싶지만 갑자기 그렇게 할 수 없는 줄을 잘 알기에 구슬픈 바람에 퉁소 소리를 실어 봤지요.

「후적벽부」는 서정과 서경이 중심을 이루고 있다. 뛰어난 상상력으로 선경과도 같은 적벽 주위의 초겨울 풍경을 묘사한 후 그 속에서 노니는 자신의 초연한 모습을 그려 넣음으로써 탈속적 삶에 대한 동경을 넌지시 내비쳤다. 평이한 언어로 이야기하듯 자연스럽게 쓰인 점이 돋보인다.[18] 「후적벽부」는 계절적인 변화로 전혀 다른 면모를 드러낸 적벽 기슭의 모습을 비유로 묘사하고 마지막에 신비스러운 분위기 속에 학과 도사를 등장시킴으로써 도사 신선의 색채를 보여 준다. 인생의 무상함에 대한 비감이나 무위적 달관 대신 자연스럽고 초자연적인 내용을 전개했다.[19]

소동파는 1082년 10월 보름 설당(雪堂)에서 나와 임고정(臨皐亭)으로 돌아오는 길에 두 손님과 동행하며 「후적벽부」를 남겼다. 바로 이규원이 인용했던 「후적벽부」의 대목은 적벽의 초겨울 주변 풍경을 묘사한 것이었다.

다시 술과 고기 들고 적벽 밑으로 가서 노닐었다.
강물은 소리 내며 흐르고 깎아지른 절벽이 천 자나 솟아 있었다.
산이 높아 달은 작고 물이 빠져 바위가 드러나 있었다.

도대체 세월이 얼마나 지났다고 지난번의 강산을 다시는 알아볼 수 없게 된 것인가?

소동파는 현실이 한바탕 꿈만 같다는 사실을 깨달으며 자연 · 동물 · 신선 등과 교감하며 현실을 초월한 인간의 자유로움을 추구했다.

잠시 후 손님은 가고 나도 잠이 들었는데 꿈속에 한 도사가 나타나 날개옷을 나부끼며 임고정 아래를 지나는데 나에게 읍하여 말하기를 "적벽의 놀이가 즐거웠소?" 그 이름을 물으니 고개를 숙인 채 대답은 없더라. "아! 알았도다. 어젯밤 울면서 내 앞으로 날아간 학이 바로 그대 아니오?" 도사가 돌아보면서 웃는 통에 나도 놀라 꿈을 깼다. 문을 열고 내다보니 어디로 갔는지 안 보였다.[20]

예술이란 느끼는 사람이 자연을 깨달으며 닮아가는 과정이다. 유배지를 떠돌던 소동파는 일찍이 명예와 부로 대변되는 현실의 허망함을 깨우쳤다. 어차피 세상은 유한하다는 것을 너무 일찍 알아버린 소동파는 유한한 인간과 무한한 자연에서 예술의 영원함을 깨달을 수 있었다.

이규원은 봉화 근처 바위에 새겨진 「후적벽부」를 인용했는데 그것에서 보이는 현실 참여와 현실 도피는 왕유와 소동파의 화두이자 동시에 이규원의 화두였다. 그런데 현실 참여와 현실 도피는 현재를 살아가는 필자도 벗어날 수 없는 화두인 듯하다.

■ 차례

이규원의 여행 일정

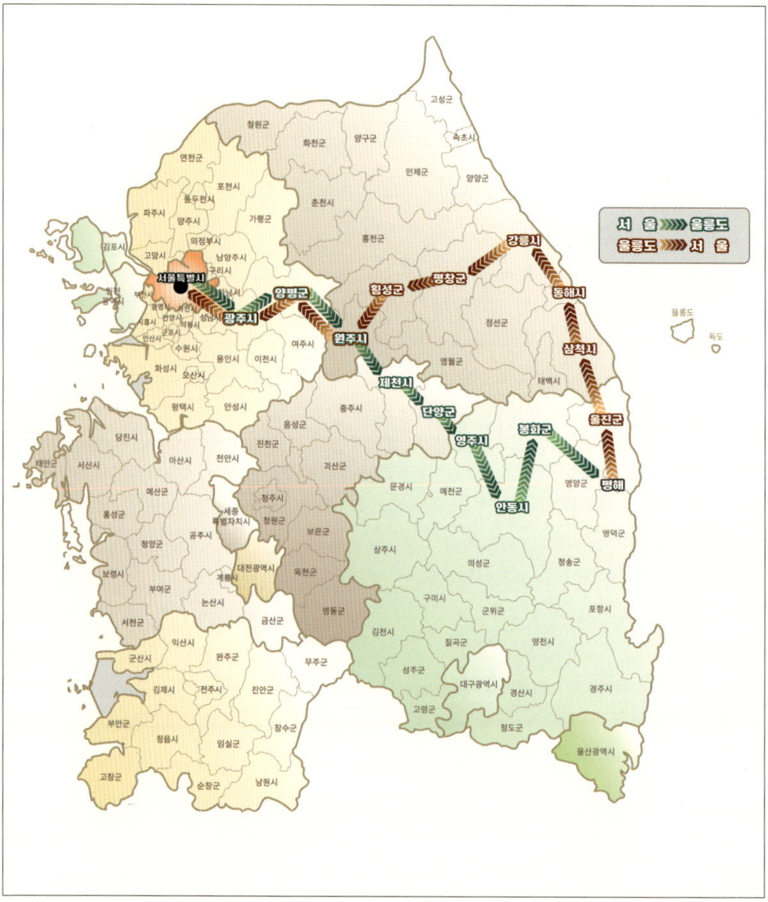

서울 출발(4.10)→광주(廣州 4.11)→양평(楊平 4.12)→원주(原州 4.13)→제천(堤川 4.14)→단양(丹陽 4.15)→안동(安東) 내성참(4.16)→봉화(4.17)→영양(4.18)→영해(寧海 4.19)→평해(平海 4.20→4.29)→울릉도(鬱陵島 4.30→5.12)→평해(平海 5.12~14)→울진(蔚珍 5.15)→삼척(三陟 5.16~17)→동해(東海 5.18)→강릉(江陵 5.19~20)→평창(平昌 5.21)→원주(原州 5.23~24)→양평(楊平 5.25)→광주(廣州 5.26)→서울 도착(5.27)

이규원의 울릉도 여행 일정

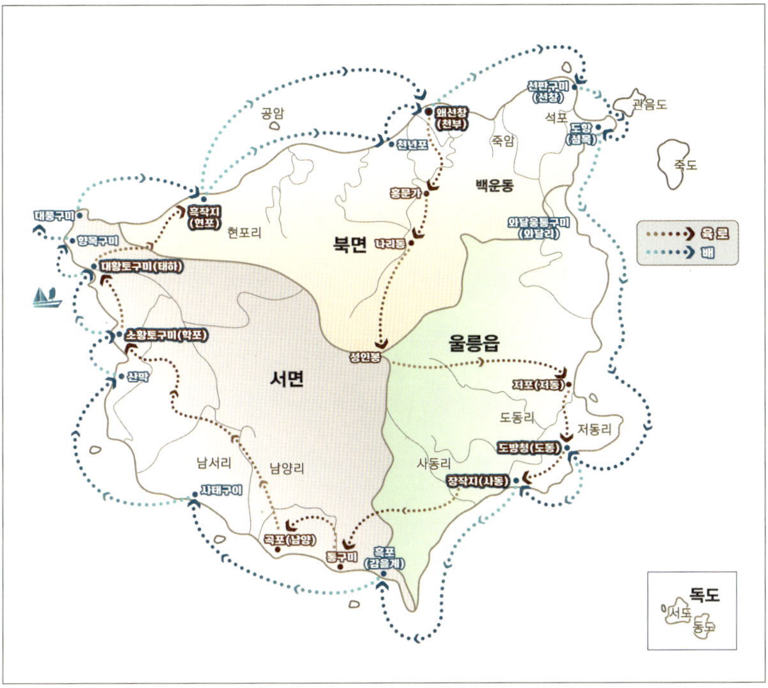

소황토구미(小黃土邱尾, 학포) 도착(4.30)→대황토구미(大黃土邱尾, 태하) 도착(5.2)→흑작지(黑斫支, 현포), 왜선창포(倭船艙浦, 천부), 나리동(羅里洞)에 도착(5.3), 성인봉(聖人峰)을 거쳐 저포(苧浦, 저동) 도착(5.4)→도방청포(道方廳浦, 도동) 도착(5.5)→장작지포(長斫之浦, 사동)에서 통구미포(桶邱尾浦, 통구미)에 도착(5.6), 곡포(谷浦, 남양)를 거쳐 소황토구미(小黃土邱尾, 학포)에 도착(5.7~8), 배를 타고 대황토구미(大黃土邱尾, 태하)→대풍구미(待風邱尾, 대풍감)→흑작지(黑斫支, 현포)→왜선창(倭船艙, 천부)→선판구미(船板邱尾, 선창)→도항(島項, 관음도)→죽도(竹島, 죽서도, 댓섬)를 시찰(5.9), 배를 타고 도방청(道方廳)→장작지(長斫支)→흑포(黑浦)→사태구미(沙汰邱尾)→산막동(山幕洞)→소황토구미(小黃土邱尾)에 도착(5.10), 5월 11일부터 학포에서 동풍을 기다리며 12일 출발.

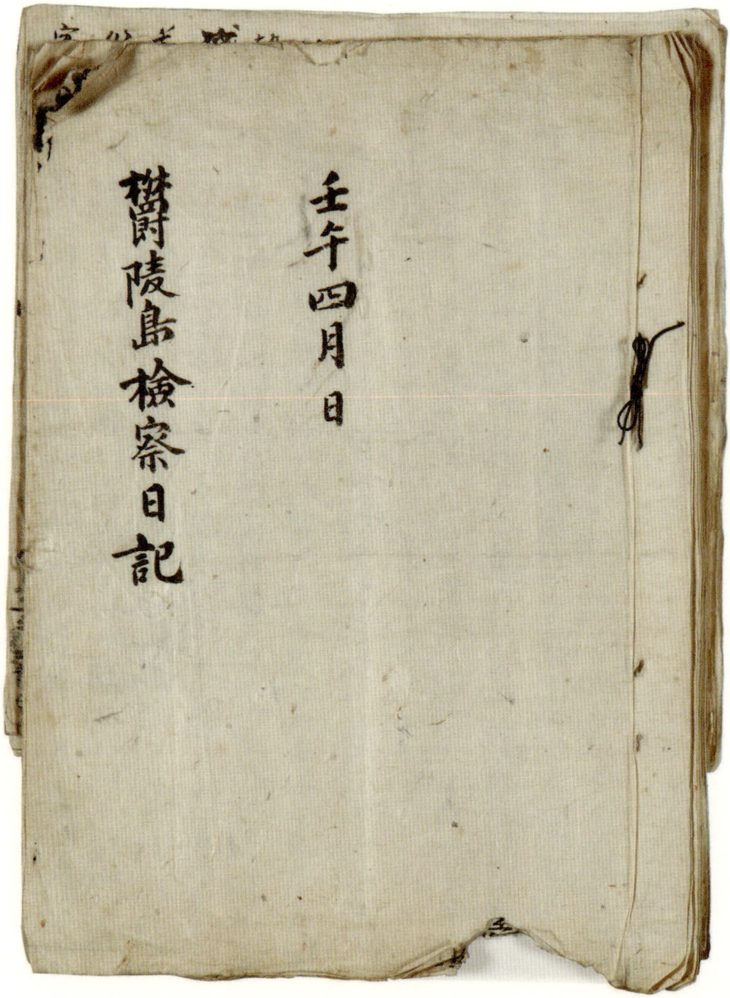

이규원의 『울릉도검찰일기』(『19세기말 제주의 계엄사령관-찰리사 이규원』, 2004, p64: 이하 국립제주박물관)

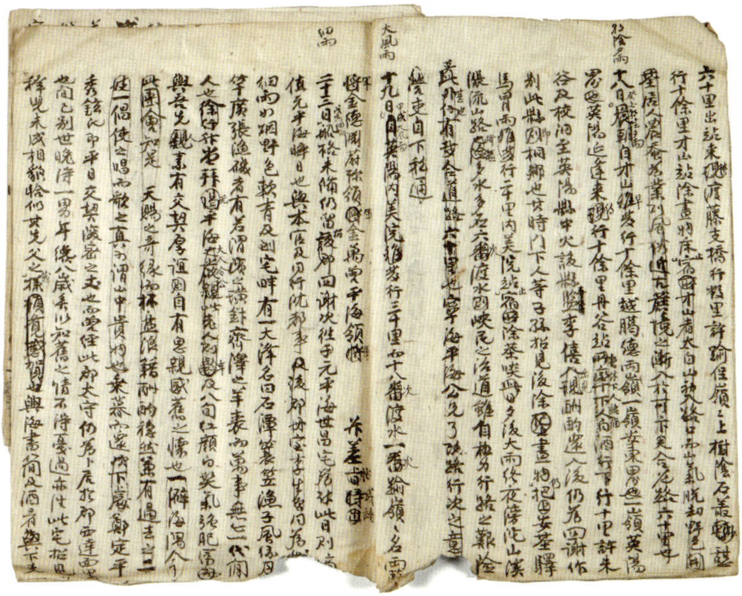

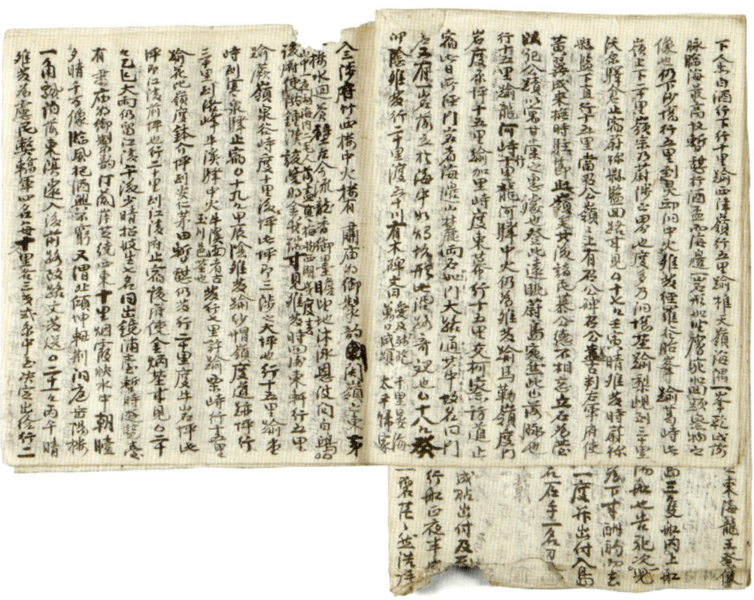

제1장

검찰사 이규원은 누구인가

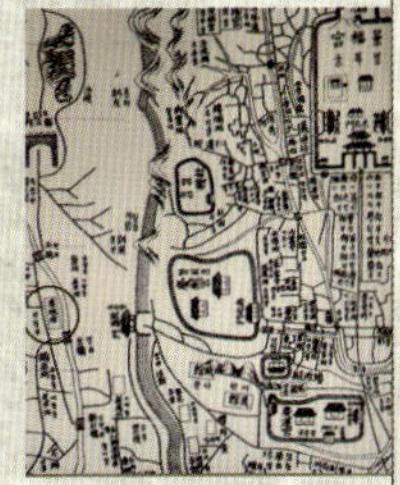

1. 울릉도검찰사 전후 이규원의 활동

1) 이규원의 집안과 고향

무과에 합격한 이규원(李奎遠, 1833~1901)은 전주이씨 덕천군파인데 그의 집안은 대대로 무과보다는 문과에서 뛰어난 업적을 보였다. 이규원은 정종(定宗)의 10번째 왕자 덕천군(德泉君)의 13대손으로 1833년 3월 19일 이면대(李勉大)의 둘째 아들로 태어났다. 아버지 이면대는 의정부 좌참찬(議政府左參贊), 지의금(知義禁, *판사), 훈련원사(訓練院事) 등을 역임한 인물이었고, 조부는 호조참판 출신 이우형(李宇亨)이었다.

이규원의 7대조는 호조판서 석문(石門) 이경직(李景稷, 1577~1640)으로, 한시(漢詩)인 사부(詞賦)에 뛰어났다. 연려실(燃藜室) 이긍익(李肯翊), 강화학파(江華學派) 영재(寧齋) 이건창(李建昌) 등이 모두 석문의 자손이었다.[1] 시와 전서에 뛰어난 신익성(申翊聖)에 따르면 이경직은 백사(白沙) 이항복(李恒福)과 사계(沙溪) 김장생(金長生)으로부터 학문을 배웠다. 이경직은 교제할 때 정성을 다하고 자못 호방한 기운을 지녔는데 종종 술자리에서 담론할 때면 격분하고 강개하여 꼿꼿이 남에게 굽히지 않았고 가끔 남을 책망하여 상대의 얼굴이 붉어져 스스로 견딜 수 없을 정도로 만들었다.[2]

1617년 7~10월까지 이경직은 일본과의 외교 관계 때문에 정사(正使) 첨지중추부사(僉知中樞府事) 오윤겸(吳允謙)과 부사(副使) 행호군(行護軍) 박재(朴梓)와 함께 종사관(從事官) 신분으로 대마도 출장을 다녀온 적이 있었다. 1617년 7월 7일 사절단은 부산에서 배를 타고 대마도로 가는 도중에 파도로 고생했는데 그 과정에서 이경직은 다음과 같은 기록을 남겼다. "홀로 능히 태평하여, 죽고 사는 데에 조금도 생각이 없었다. 다만 생각 속에 '다시 부모를 뵙고 거듭 임금[天顏]을 뵙겠다'라는 여덟 글자만이 저절로 마음에 싹텄다."[3] 이러한 사실은 이경직이 위기 속에서도 본능적으로 충효심이 강했다는 면모를 알려 준다.

이경직의 자손인 이규원은 강원도 금화군(金化郡) 금화읍(金化邑) 암정리(巖井里)에서 출생했고 1901년 11월 11일 강원도 금화군 금화읍 운장리(雲長里)에서 생을 마감했다. 금화 지역은 이규원의 선영(先塋)이 묻혀 있었다. '어영대장이공규원익영비(御營大將李公奎遠益詠碑)'는 금화읍

이규원의 호패 (국립제주박물관)

에서 암장리(岩井里=莊岩)로 가는 대로변 좌측에 건립했으나 이후 도로 확장으로 인하여 용양리(龍楊里=柳谷) 선영으로 옮겨졌다.[4]

금화현(金化縣)은 조선시대 서울에서 금강산을 유람하기 위해서 지나가는 지역으로, 서울 – 양주목 – 포천현 – 양평군 – 철원군 – 금화현 – 금성현(금강산) – 회양부 – 함흥부 – 경흥부 등으로 가는 중요한 길목이었다. 원래 금화군은 고구려시대 부여군(夫如郡) 지역이었으며, 통일신라시대 경덕왕 때에 한주(漢州–경기, 황해, 충북 등)의 부평군(富平郡)으로 개칭되었다. 고려시대 현종 9년(1018)에 금화(金化)로 개칭되어 삭방도(朔方道, 강원)에 편입, 동주(東州, 철원)에 소속되었다가 1143년에 금화현이 되었다.

조선 태조 3년(1394)에 교주강릉도(交州江陵道)를 강원도(江原道)로 개칭하자 금화와 금성은 강원도관찰사의 관할에 들어갔다. 『세종실록』 지리지에 따르면 당시 금화현은 호수 181호, 인구 517명, 군사 77명이었고, 금성현은 호수 412호, 인구 855명, 군사 119명이었다.

태종 16년(1416)에 금화현은 현감(縣監)으로 개편되었다. 고종 32년(1895) 5월 26일 칙령 제98호로 전국에 도(道)를 없애고 23부(府)로 구획할 때 춘천부(春川府) 금화군이 되었는데 학포리(鶴浦里)와 사기막리(沙器幕里)가 있었다. 1896년 8월 4일 칙령 제36호에 따라 13도(道)로 구획할 때 강원도에 편입되었다.

대한제국 융희 2년(1908)에 금화군이 금성군(金城郡)에 통합되었다. 일제강점기 때인 1914년 3월 1일 조선총독부령(朝鮮總督府令) 제111호(1913년 12월 29일 공포)에 따라 부·군·면(府郡面)을 폐합할 때 금성군을 흡수하여 다시 금화군으로 개명하여 금화면이 되었다. 초북면(初北面)

의 리현(梨峴), 찰청동(察廳洞)의 2개 리와 초동면(初東面)의 망소(望所), 봉미(鳳尾), 감령(甘嶺)의 3개 리를 병합하여 읍내(邑內), 운장(雲長), 생창(生昌), 암정(巖井), 학사(鶴沙), 용양(龍楊), 감봉(甘鳳) 등의 7개 리를 관할했다. 1944년 10월 1일 조선총독부령(朝鮮總督府令) 제253호에 의거 읍으로 승격되었다.

금화 지역의 지역적 특성을 이해하기 위해서는 조선시대 일본과 청국과의 대립 과정 중 금화에서 발생한 사건을 추적할 필요가 있다. 우선 1592년 임진왜란 때를 살펴보면, 한양을 점령한 일본군이 동두천을 거쳐 철원·평강·금화·회양을 지나 함경도를 공격했는데 이때 금화 지역의 피해가 극심했다. 또한 1895년 명성황후 시해사건 직후 금화와 금성 백성들은 의병에 적극적으로 참여했다.[5] 임진왜란, 병자호란, 을미의병 시기의 금화 지역을 살펴보면 다음과 같았다.

금화현은 임진왜란 당시 일본군이 점령했는데 반일 의식이 강할 수밖에 없는 장소적 특성이 있었다. 1592년 6월 임진왜란 당시 일본군대가 강원도의 주현(州縣)을 함락시켰다. 강원도 순찰사 유영길(柳永吉)은 부하 원호(元豪)에게 금화현에 주둔한 일본군을 공격하도록 지시했는데, 일본군대가 미리 알고 복병을 설치하여 원호를 포위하자 형세가 위축되어 원호가 전사했다.[6]

1593년 1월 경기관찰사 이정형(李廷馨)에 따르면 포천(抱川)에 주둔한 일본군대가 금화·철원(鐵原)의 일본군과 서로 연락하며 진격하여 사람을 죽이고 재물을 약탈했다.[7] 그래서 임진왜란 당시 강원도 금화·홍천(洪川)·양구(楊口)·횡성(橫城)·인제(麟蹄)·안협(安峽) 등은 모두 일본군이 점령한 지역이었다.[8]

금화현은 병자호란의 격전지 중 하나였다. 1637년 1월 6일 함경감사 민성휘(閔聖徽)는 군사를 거느리고 강원도 금화현에 도착했다.[9] 또한 1월 28일 평안도관찰사 홍명구(洪命耈)는 금화에 도착하여 청국군대와 싸우다가 패배하여 전사했다. 홍명구는 처음에는 금화에 도착하여 청국군을 만나 수백 명을 베고 몇백의 사람과 가축을 구조했다. 그 후 홍명구는 백전산(柏田山)에서 청국군대의 연합군 1만 기병(騎兵)에 맞서 싸웠는데 처음에는 청군 장수 2명을 죽이며 선전했지만 이후 포위되며 청국군대에 패배했다. 홍명구는 최후 전투에서 활을 쏘며 청군을 공격했는데, 화살 세 발이 몸에 꽂히는 중상을 입었음에도 스스로 화살을 뽑고 청군에게 달려들어 장렬하게 전사했다.[10] 금화군은 홍명구를 기념하는 충렬사를 세우고 병자호란을 기억했다.

금화 지역은 을미의병이 활발히 활동한 지역 중 한 군데였다. 을미의병 봉기는 모두 명성황후 시해에 대한 복수, 단발령에 대한 반항, 일본인 배척 등에서 비롯되었다.

1896년 2월 24일 주한 일본공사 고무라 주타로[小村壽太郞]는 의병이 현재 서울에서 멀리는 200리쯤, 가깝게는 60~70리, 즉 동남쪽 여주(驪州) 일대, 동쪽은 춘천, 북쪽은 양주·철원, 서남쪽은 과천(果川)·안산(安山) 등에서 활동하고 있다고 일본 외무성에 보고했다. 또한 고무라는 신임 내각의 의병에 대한 대응 방안을 기록하면서 지방 관리 중 사망자를 포함한 내용도 보고했다. 신임 내각은 양주와 포천 방면에 친위대 1개 중대, 홍천 방면에도 친위대 1개 중대, 안산 방면에 강화병(江華兵)을 보낼 계획을 수립했다. 의병에 의해 살해된 지방 관리는 단양(丹陽)군수 권숙(權潚), 청풍(淸風)군수 서상기(徐相夔), 강릉관찰사(江陵觀察

使) 이위(李暐), 충청도관찰사 김규식(金奎軾)이었다.[11]

1896년 4월 29일 원산 주재 일본영사 니구치 요시히사[二口美久]는 을미의병이 금화·금성·철원 등지에서 활발히 활동하고 있다고 주한 일본공사관에 보고했다.[12] 1896년 5월 14일 원산 주재 일본영사 니구치는 금성 등의 의병이 강릉과 동일한 '부류'라고 보고했다. 당시 조선 정부는 훈련대(訓練隊)를 금화까지 파견하여 의병을 진압했다.[13]

을미의병 당시 금화 백성들도 의병으로 참여했는데 경기도 동부 지방인 가평(加平)·양평(楊平) 등지에서 의병이 봉기하여 세력을 떨쳤다. 강원도에서는 특히 춘천 지방과 강릉(江陵)·삼척(三陟) 지방에서 활발한 활동을 벌인 의병이 봉기했다. 춘천 의병장 이소응(李昭應)은 포수(砲手)를 많이 거느린 지평군수(砥平郡守) 맹영재(孟英在)를 찾아가 같이 항쟁을 벌이자고 협상하다가 뜻을 이루지 못하자 제천(堤川)으로 가서 의병장 유인석(柳麟錫)의 호좌의병진(湖左義兵陣)에 가담했다.[14] 1896년 춘천 의병장 이소응과 제천 의병장 유인석은 을미의병을 주도하며 해당 지역에 격문을 붙였는데 을미의병의 국가와 외세에 대한 인식을 보여주었다. 이소응과 유인석은 위정척사사상을 내포하고 있었는데 주자학적 화이의식(華夷意識)에 기반하고 있었기 때문에 자연 보수성과 배타성을 갖고 있었다. 이후 위정척사사상에 기반한 두 사람은 보수적 화이사상을 민족주의 사상으로 승화시키려고 노력했다.

을미의병은 충의사상(忠義思想)과 존왕양이(尊王攘夷)로 승화하고 항일민족운동으로 발전시키려 했다. 임진왜란, 병자호란, 을미의병 등의 연결고리는 존왕양이 사상이라는 공통점을 가지고 있었다. 따라서 의병 활동이 활발한 금화 지역은 충의사상과 존왕양이 의식이 강한 지역적 특색을 갖고 있었다.

이러한 금화 지역의 특색을 자연스럽게 흡수한 이규원은 충의사상과 존왕양이 의식을 소유한 인물로서 실제 고종의 명령을 누구보다도 충실하게 수행한 인물이었다.

2) 이규원의 관직 생활

이규원은 철종 2년(1851) 신해(辛亥) 정시(庭試) 무과(武科)에 19세의 나이로 급제했다.[15] 본래 문관의 가문이었지만 무관이 되기 위해서 말 타고 활쏘기를 연습하여 무과에 합격했다.

1862년(壬戌) 1월 평안도(平安道) 구성부사(龜城府使), 1868년(戊辰) 12월 함경도(咸鏡道) 정평부사(定平府使), 1871년(辛未) 10월 함경도 단천부사(端川府使), 1871년 12월 황해도(黃海道) 풍천부사(豊川府使), 1876년 1월 경기도(京畿道) 통진부사(通津府使), 1877년(丁丑) 12월 강원도(江原道) 횡성현감(橫城縣監), 1878년 1월 전라도(全羅道) 진도부사(珍島府使), 1879년(己卯) 6월 함경도(咸鏡道) 부령부사(富寧府使), 1882(壬午) 3월 함경도(咸鏡道) 명천부사(明川府使) 등을 역임했다.[16]

1876년 이규원이 경기도 통진부사로 근무할 당시 통진은 조선인과 일본인이 조일수호조규(1876년 2월)를 체결하기 위해 왕래하던 현장이었다. 이규원은 조일수호조규 체결 이후 강화도 인근 김포에서 일본인의 동향을 자주 보고하고, 주한 일본공사 일행에 대한 접대도 수행했다. 1876년 7월 10일 경기감사(京畿監司) 민태호(閔台鎬)는 이규원의 급보[馳報]를 의정부에 보고했다.

> 7월 9일 오시(午時)에 일본 이사관(理事官)과 수원(隨員) 세 사람이 그들의 화륜종선을 타고 먼저 내려갔고, 수원 한 사람 및 종자 한 사람은 우리나라 배에 물품을 싣고 추후에 내려갔다고 하고, 당일 오시(午時)에 일본인 11명이 우리나라 배를 타고 문수진(文珠津)을 지나 그들의 큰 배가 머물러 정박하고 있는 곳으로 향했다.[17]

1877년 10월 20일 이규원은 경기수군절도사 이봉의에게 다음과 같이 보고했다.

> 10월 20일 묘시(卯時)쯤 일본의 사신과 수행원 7명, 종자 4명이 종선을 타고 올라와 문수진(文殊津)에 상륙했다. 호송하여 고을로 들어가 점심을 제공했다. 같은 날 사시(巳時)쯤 출발하여 김포군으로 향했다.[18]

이규원은 사람들의 왕래가 끊이지 않아 접대하는 비용이 매우 많이 들었지만, 대흉년을 당하여 생활이 어려워 군읍에서 떠나려는 백성이 없도록 선혜청에 보내야 하는 대동미까지 미납하면서 관전을 지출하고 곡식을 배급했다.

그러자 1877년 선혜청의 당상 김보현(金輔鉉)은 "성품이 매우 모질고 각박하다"라고 이규원을 모함하면서 체포하고 구속했다. 이에 통진 백성은 3일 내 5천 냥을 수납하기로 결정하고 각자 분담하여 선혜청에 납부했으며 이규원이 부사로 오도록 정부에 청원했다. 경기감사(京畿

監司) 이재원(李載元)도 장계를 올려 이규원을 변호했다. 그 결과 이규원은 통진감사를 유임할 수 있었다. 잠시 곤욕을 치렀지만 이 일로 그의 이름이 세상에 널리 알려졌다.[19]

이규원이 풀려난 과정을 구체적으로 살펴보면, 1877년 6월 13일 선혜청은 대동미를 미납한 이규원을 체포하여 심문할 것을 제안했다. 선혜청은 "대동미를 미납한 수령 및 각종 전변(錢邊, 돈이자)을 미납한 통진부사 이규원 등을 심문하여 처벌할 것"을 고종에게 승인받았다.[20]

그 후 1877년 7월 8일 의금부(義禁府)는 통진부사 이규원의 죄에 대한 조목을 보고했다. 첫째, 칙사의 행차가 있었는데 왜인이 소란을 피우는 와중에 공물을 유용했다. 둘째, 흉년으로 백성들이 굶주리는 때라하여 세금을 거두지 않았다.

의금부는 "납부 기일을 어긴 것과는 사정이 크게 다르긴 하지만 더없이 막중한 법식으로 보면 완전히 용서해 주기는 어렵다"라며 "죄가 태 오십이고 현재 직임을 해임할 것"을 요청했고, 이날 고종이 승인했다.[21] 하지만 1877년 7월 28일 이조(吏曹)는 이규원을 변호하는 경기감사 이재원의 장계를 보고했다. 이재원에 따르면 "이규원은 원래 훌륭한 정치를 한 관원으로서 어렵고 복잡한 지역에 부임해서 마침 흉년을 만나 구휼에 끝까지 정성을 다했다, 관청에서 200곡(斛)을 풀어서 굶주린 백성들이 온전히 살아날 수가 있었다, 상납하는 일은 이전부터 기일을 어기고 체납되어 온 것이었다. 통진 백성은 50민(緡)을 마련하여 길을 다투어 수송했다. 많은 백성에게 은혜가 흡족했다"라고 했다. 이재원이 임기가 끝난 이규원을 특별히 연임시켜 백성들의 여망에 부응할 것을 요청하자 고종은 이규원의 연임을 승인했다.[22]

이규원은 진도감목관과 진도부사를 역임하여 전라도 진도에서 업무를 수행한 경력도 있었다. 울릉도검찰사 임명 이전인 1864년 9월에는 울산감목관(蔚山監牧官)에서 진도감목관으로 교체되어 울산과 진도 지역에서 근무했다. 그 후 1878년(戊寅) 1월 전라도 진도부사로 임명되었다.[23] 1882년 1월 이규원은 '말을 잘 타는' 방어사(防禦使)의 이력(履歷)을 수여받기도 했다.[24]

부호군(副護軍, 종4품) 이규원이 울릉도검찰사로 임명된 것은 1881년 5월 23일이었다. 그는 준비 과정을 거쳐 가을에 출발하려 했으나 9월에 부인인 평양조씨(平壤趙氏)가 사망했다.[25] 부인의 사망으로 이규원이 실제로 울릉도로 출발한 것은 임명된 때로부터 1년이 늦은 1882년 4월이었다. 울릉도에 대한 조사도 이때 이루어졌다.[26]

당시 조선 정부는 이전부터 울릉도 이주민에 관한 논의가 있었지만 실행하지 못했다. 고종은 일본인이 침범하여 벌목한다는 감사의 보고가 있자 '개척'에 마음을 단단히 두고 사절을 파견하여 탐사할 것을 계획했다. 하지만 동해 가운데에 있는 울릉도로 가는 길은 풍랑이 심하고 험하여 작은 배로 가기가 어려웠다. 또한 울릉도 안이 어떠한 형편인지 알수 없어 관리들이 모두 두려워 피하므로 그 인선이 어려웠다.[27]

그때 민태호(閔台鎬, 1834~1884)[28]가 황해와 경기감사로 재직하면서 황해 풍천부사와 경기 통진부사를 수행한 이규원을 관찰할 수 있었다. 그는 이규원이 "임금을 위하여 나랏일에 근면하고 위험을 피하지 않는다"라는 사실을 잘 알고 있었다. 민태호가 이규원을 울릉도검찰사로 추천하자 고종은 이를 받아들여 이규원을 울릉도검찰사로 임명했다.

이규원은 고종의 지시를 받들어 울릉도로 들어가 일본인의 벌목을 금하고 섬 내를 널리 돌아다녔다. 그는 울릉도에서 위험한 산지와 벼랑들을 원숭이처럼 붙잡고 기어오르며 그 지세와 특산물을 조사하고 계절에 따라 유숙하는 사람과 토막생활을 하는 상황을 모두 탐사했다.[29]

이규원은 나이 50세에 울릉도 검찰을 다녀온 후 고종으로부터 특별히 우수함을 인정받고 군부의 주요 직책을 맡을 수 있었다. 1882년 7월 울산에 소재한 경상좌도 병마절도사(慶尙左道兵馬節度使, 종2품), 1882년 9월 어영대장(御營大將), 1884년 10월 기연해방사무(畿沿·海防事務) 총관(總管), 1884년 12월 동남개척사(東南開拓使) 등에 임명되었다.[30]

기연해방아문(畿沿海防衙門)은 1883년 12월에 설립되었는데, 경기·황해·충청도의 연안 지역 방어를 담당했다. 총관 1명, 부총(副總) 1명, 육군별장(陸軍別將) 1명, 수군별장(水軍別將) 1명, 군사마(軍司馬) 2명 등

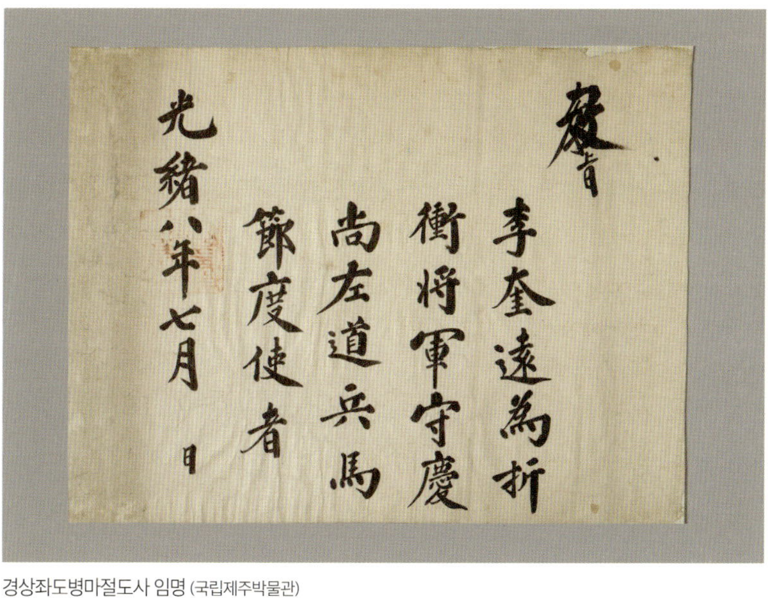
教旨

李奎遠為折
衝將軍守慶
尚左道兵馬
節度使者

光緒八年七月 日

경상좌도병마절도사 임명 (국립제주박물관)

을 포함하여 총병력은 800명이 넘었다. 1884년 1월, 부평부(富平府)에 본부를 두고 공식 출범했지만 1885년 3월에 용산 만리창(萬里倉) 기지로 옮겼다가 1886년 2월에 남별영(南別營)으로 이동했다. 그 후 고종이 외출할 때 어가를 시위하여 호위군의 역할을 맡았다.[31] 그만큼 해방총관(海防總管)은 고종의 특별한 신임을 받는 인물만 수행하는 자리였다.

그런데 1884년 10월 갑신정변 당시 고종은 청군 병영에 납치되었다. 청군은 정부 대신의 출입을 금지하여 정부 대신은 고종의 안부를 알 수 없었다. 그러자 이규원이 하인으로 가장하여 병영으로 들어가서 고종을 만날 수 있었다. 고종은 크게 기뻐하고 갑신정변이 평정되자 이규원을 해방총관에 임명했다. 고종은 이규원이 통진부사 재임 시절에 처벌을 두려워하지 않고 백성을 사랑하는 성품을 지녔던 것과 험난한 임무인 울릉도검찰사를 충실히 수행한 능력, 갑신정변 당시 자신의 안위를 지켜준 충성심을 알고 있었기에 울릉도검찰사를 수행한 지 불과 2년밖에 되지 않았지만 경기도 연안 지역의 총사령관인 해방총관에 임명한 것이다.[32]

갑신정변 직후 행호군(行護軍) 해방총관 이규원은 기연해방아문을 부평에서 용산으로 옮기는 임무를 수행했다. 1885년 3월 24일 의정부는 기연해방아문을 옮길 절차를 논의했는데 이규원이 "용산 만리창은 터가 영루(營壘)를 두기에 합당합니다만, 본영을 옮겨 설치할 비용을 스스로 마련할 수가 없습니다"라고 보고했다. 의정부는 경강(京江)의 형편상 합당함이 이보다 좋은 곳이 없으니, 옮기는 것을 조금도 늦출 수가 없으며 적당한 방안으로 경비를 마련하여 조속히 옮기라고 해당 아문에 지시할 것을 요청했다. 이에 고종이 승인했다.[33]

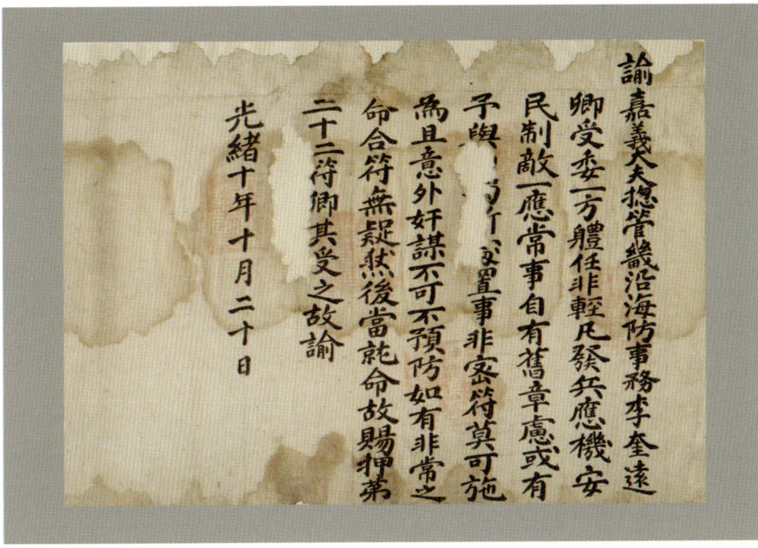
諭嘉義大夫摠管畿沿海防事務李奎遠
卿受委一方體任非輕凡發兵應機安
民制敵一應常事自有舊章慮或有
予與卿[illegible]置事非密符莫可施
爲且意外奸謀不可不預防如有非常之
命合符無疑然後當就命故賜押第
二十二符卿其受之故諭
光緒十年十月二十日

총관기연해방사무 (국립제주박물관)

한편 해방총관 이규원은 동남개척사를 겸직했다. 그 임무는 백성들을 모집하여 섬에서 경작하게 하고 연해(沿海) 지방의 진황지(陳荒地)를 개간하여 산천에 버려진 이윤을 수확하는 것이었다.[34] 하지만 실제 동남개척사는 갑신정변의 실패로 유명무실했다.

모름지기 백성은 정부와 한마음 한뜻이 되어야 생사를 함께하며 두려워하지 않는다. 한마음 한뜻이란 백성과 정부 사이에 공통된 신념과 목표를 갖는다는 것인데, 이렇게 되려면 반드시 백성을 사랑하고 가까이 해야 한다. 이규원은 관직을 수행하면서 이를 실천하려고 스스로 노력했다.

2. 이규원의 성품과 조희순의 『손자수』

1) 이규원의 성품

19세기 후반 당대 사람들은 문장의 이건창(李建昌)과 시의 황현(黃玹)을 문학 천재로 꼽았다. 황현은 당시 이규원의 친척인 이건창과 교류했는데 그에 따르면 "이규원은 재주도 있고 청렴하다는 명성을 얻었다. 당하관으로서 일곱 번이나 부사(府使)를 지냈지만, 임기를 마치고 돌아오는 길에 돈을 빌려 밥을 지어 먹을 정도로 청빈(淸貧)했다"[35]라고 한다.

문장 천재 이건창[36]은 강화학파(江華學派)로 성품이 강직하여 다른 사람에 대해서 지나치게 칭찬하는 시는 짓지 않았다. 이건창은 고종이 지방관을 보낼 때 "그대가 가서 잘못하면 이건창이 가게 될 것"이라고 위협할 정도로 강직한 인물이었다. 그런 그가 이규원을 "맑고 바른[淸操雅望]" 인물이라고 평가했다. 1891년 족조대장군(族祖大將軍) 이규원이 찰리탐라(察理耽羅)의 임무를 띠고 제주도로 떠날 때 이건창은 다음과 같이 작별[奉餞]의 시를 지었다.

> 한라산 고운 빛이 하늘의 문에 둘러 있으니,
> 이 저녁 바다의 큰 물결은 고요하여라.
> 노련한 장수(*이규원)가 어찌 관직의 일로 번거로워 하리요.
> 제주 사람들은 응당 임금의 은혜에 감읍했으리라.
> 서쪽을 평정하기를 오래전부터 소망하여 마음먹었네.

나라를 튼실히 함에는 말을 조심해야 한다는 사실을 깊이 알았네.
마음은 맑은 물과 같고 행적은 구름과 같으니,
서쪽 방위에 마땅히 힘써 지혜로운 임금을 호위하리라.

궁내부 참서관 출신인 정만조(鄭萬朝, 1858~1936)는 이규원이 해방총관일 때 그 밑에서 근무했다. 정만조는 이규원의 성품을 "'도량이 크고 넓으며 매사에 세심'했는데 관직에 있을 때나 집안에서도 '청렴하고 근면'했다"라고 기억했다. 이규원은 성정이 '너그럽고 진솔'하며 사소한 일에 구애하지 않았다. 집안은 가난했지만 자주 지인들과 어울려 술을 마시며 세상을 논했다. 정만조는 무신 중 이규원이 으뜸이었다고 주장했다.

함경도 북도어사(北道御史) 조병세(趙秉世)는 1871년 단천부사(端川府使)에 재임하다가 임무를 마친 이규원의 청렴결백을 칭찬하며 다음과 같은 보고서를 작성했다.

전(前) 단천부사 이규원은 하나의 성인이요 현세의 살아있는 부처입니다. 봉급을 다 베푸니 기아의 백성(飢民)이 마을을 떠나 흩어지는 일이 없습니다. 은점(銀店)을 설치하여 세금의 징수[六斤銀店貫]를 받지 않으니 직분을 지키며 청렴결백한 사람입니다. 그는 성루(城樓)를 고치되 번거롭지도 시끄럽지도 않게 처리합니다. 백성들은 그의 공적을 비석에 기록했는데 읍민의 송덕(頌德)이 시간이 지날수록 더욱더 간절했습니다.

「만유공유서(晩隱公遺事)」는 정만조의 아들인 정인서(鄭寅書)가 집필한 것으로, 여기에서도 이규원을 청렴하고 실력을 겸비한 사람이라고 했다.

1871년 이규원은 황해도 풍천부사로 부임하다 도중에 임기가 만료되었는데 이때 여행경비가 떨어지자 황해도 해주(海州)에 들려 은(銀) 장식이 있는 작은 칼[銀飾小佩刀]을 팔았다. 당시 황해감사 민태호는 그 소식을 듣고 그 가격을 갚은 다음 물건을 이규원에게 돌려주었다. 또 이규원은 지방에 근무할 때 관찰사의 근무평정[殿最] 30여 회에서 모두 다 최고 점수를 받았다. 녹봉(祿俸)을 거두어 민폐를 돌보았고, 병영에 근무할 때 군대 내에 남는 물건들이 있으면 모두 보좌관에게 나누어 주었다.

함경남도 북청(北靑)에 거주하는 백성은 예전부터 정부에 불만이 많았다. 하지만 이규원이 남병사가 되어서 그 폐해를 모두 개혁하니, 북청민이 마을 곳곳에 석비를 건립하여 덕을 칭송하고 그 비문을 베껴서 이규원의 본가에 보냈다. 그 비문이 지금까지 이규원의 집안에 보관되어 있다.

정인서는 아버지 정만조가 1896년 진도에 귀향 갔을 때 정만조와 함께 진도에서 기거하며 12년 동안 모시고 살았다. 그는 1878년(戊寅年) 진도군수 이규원의 행적을 다음과 같이 전했다.

> 이규원은 미투리를 신고 짧은 지팡이를 지닌 가벼운 복장으로 지인(知印, 관인) 한 사람만 데리고 마을을 돌아다니며 마을주민에게 관폐와 어려움을 순순히 유도하며 상세히 질문했다. 그 당시 마을 사람들은

관청이 엄하다는 것을 몰랐다고 한다. 그 이유는 향리[吏隸]가 감히 마을에 가서 사람들을 괴롭히지 못했기 때문이었다.[37]

이규원은 많은 사람들이 전하는 것처럼 바르고 청렴했으며 지혜로운 사람이었다. 지혜로운 자의 생각은 반드시 이익과 손해가 섞이기 마련인데 그는 늘 자신의 이익을 죽이고 다른 이의 힘듦을 살피며 지혜롭게 되려고 노력한 청백리였다.

2) 조희순의 『손자수』

경상좌도병마절도사를 역임한 조희순(趙羲純, 1814~1890)은 이규원의 장인이다. 조희순은 무관 출신으로 병자호란 당시에는 신헌(申櫶)이 대장으로 양화진(楊花鎭)에 주둔할 때 참모군관을 겸임했다. 그는 1868년 10월 제주목사(濟州牧使)로 부임하여 1872년 5월 임기를 마쳤는데 제주도민은 그의 공덕을 기려 추사비(追思碑)를 세웠다.

조희순은 1873년 윤6월에는 경상좌도병마절도사(慶尙左道兵馬節度使), 1876년 3월에는 함경북도병마절도사(咸鏡北道兵馬節度使)에 임명되었다. 또 1881년 11월에는 통리아문(統理衙門)이 설치되자 군무사 당상경리사(軍務司 堂上經理事)가 되었고, 1882년 6월에 임오군란이 일어나자 대원군에게 발탁되어 금위대장(禁衛大將)이 되었다. 대원군 정권이 붕괴한 8월 5일에는 좌변포도대장, 1883년 1월 지훈련원사(知訓鍊院事, 종2품), 1887년 남양부사를 마지막으로 관직에서 물러났다.[38]

그런데 이규원도 장인인 조희순의 관직 이력과 비슷한 승진 과정을 밟았다. 두 사람의 비슷한 이력만큼 이들에 얽힌 재미있는 일화가 전한다.

이규원이 지방 군수에 임명되자 장인 조희순은 사위 이규원에게 술 한잔하자고 집으로 불렀다. 이날 이규원은 백성들이 신는 미투리 신을 신고 가벼운 복장으로 걸어서 장인어른의 집을 방문했다. 조희순은 못마땅한 표정으로 물었다. "행색이 어찌 그리 초초(草草)한가. 하인들이 업신여기고 비웃지 않겠는가?" 그러자 이규원은 웃으면서 말했다. "무엇이 해롭겠습니까?" 이규원이 처갓집에 10일간 머문 다음 떠날 때 조희순은 노비와 말들을 함께 보냈다. 하지만 이규원은 반나절 만에 그 노비와 말들을 돌려보냈다. 그러고는 평소의 모습으로[去時行裝] 여기저기 친구들의 집을 방문하면서 집으로 귀환했다.[39] 이 일화는 검소함이 이규원의 평소 신념이었다는 사실을 알려 준다.

조희순은 아들 조지현(趙贊顯)을 위해서 『손자병법』을 정리하고 해석한 『손자수(孫子髓)』를 집필할 정도로 학자적인 면모를 갖고 있었다.[40] 그는 고질병이었던 담벽증(痰癖症)이 있어 산속 서재에서 요양할 당시 아들 조지현이 무관의 뜻을 품자 『손자병법』 등의 병서를 함께 읽었다. 이때 조희순은 참고한 『손자병법』의 여러 판본이 혼란스러워 이해하기 어려운 것을 알고 자식을 가르치기 위해서 『손자병법』에 기초하여 『손자수』를 저술했다.

이 책은 내용이 우수하여 필사본으로 세상에 알려졌는데 1869년에는 남상길이 저자의 서문을 실어 1책의 활자본으로 간행하여 널리 유통되었다. 본문은 시계(始計), 작전(作戰), 모공(謀攻), 군형(軍形), 병세(兵勢), 허실(虛實), 군쟁(軍爭), 구변(九變), 행군(行軍), 지형(地形), 구지(九地),

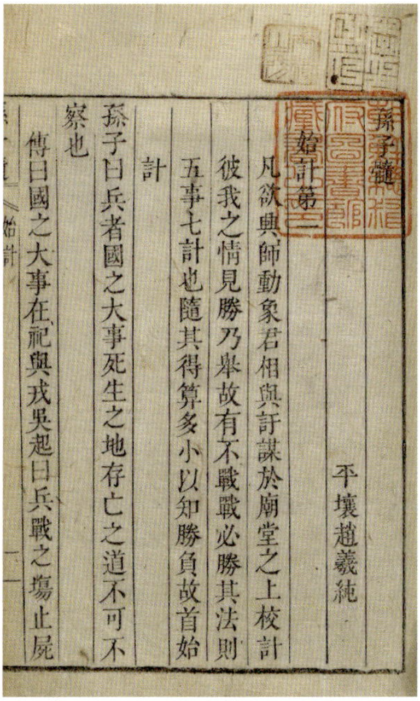

손자수 (국립중앙도서관)

화공(火攻), 용간(用間) 등 13편으로 구성되었고, 각 편의 첫머리에는 해당 편의 대지(大旨)를 소개하면서 전·후편 내용과의 연계, 저자의 의견 등을 작은 글씨로 싣고 있다. 이어서 『손자』 원문과 저자의 주석이 실려 있고, 각 편의 마지막에는 부록(附錄)이 실려 있다.[41] 이규원도 장인 어른과의 만남을 통해서 자연스럽게 『손자병법』의 깊은 뜻을 체득할 수 있었을 것이다.

『손자수』는 "손자의 용심(用心)을 바탕으로 구명(究明)해서 글자를 놓은 것이 살을 파고 정수에 들어갔다"라는 의미이다. 『손자수』의 자서(自序)는 이렇게 시작한다.

기인(畸人)과 지사(志士)들이 가을밤 고요할 제, 낙엽이 창문을 때리고 대나무의 서늘한 기운이 문득 침범해 오면, 근심스레 등불 앞에서 칼을 보며 술잔을 기울인다. 옛사람의 책을 골라 몇 편을 읽다가 끝내 책상을 치고 수염을 쓰다듬으며 가슴의 답답한 기운을 풀려고 하니, 나는 그들이 이때 읽는 책이 반드시 병서(兵書)임을 아노라.[42]

조희순이 책을 출판한 이유는 한국인이 생존을 위해서 병서를 가까이 두어야 한다는 뜻을 담고 있었다. 이것은 강대국에 둘러싸인 한국의 처지를 알려 주는 듯하여 안타깝지만 한편으로 조선시대를 살아가는 무인의 기상을 알려 준다.

제2장

서울부터 평해까지 여정

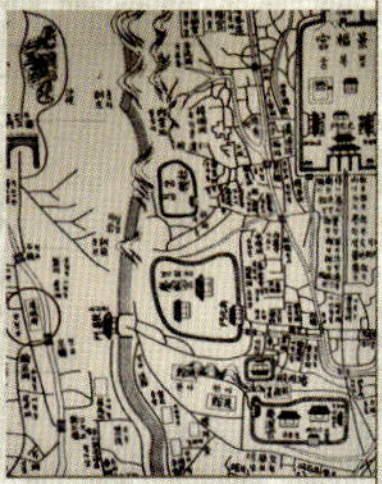

1. 서울부터 평해까지 전체 일정

당시 이규원은 검찰사라는 신분으로 민정을 살펴보고 지역의 현감(縣監)과 목사(牧使) 등을 만나야 했기 때문에 서울에서 평해까지 가는 길이 일반인과는 달랐다. 더구나 서울, 원주, 봉화, 영해까지는 말을 타고 갔기 때문에 험한 여정이었다. 이규원이 지나갔던 서울부터 평해까지의 길을 살펴보는 것은 조선시대의 길과 지명을 파악하고 이해한다는 의미가 있다. 또한 이규원이 원주부터 봉화까지 간 길을 서울부터 봉화까지 가는 일반적인 길과 함께 비교한다면 그의 여정을 지리와 공간의 측면에서 이해하는 데 도움이 될 것이다.

이규원은 1882년 4월 10일 서울을 출발해 광주(4.11)→지평(4.12)→여주→원주(4.13)→제천(4.14)→단양(4.15)→순흥(영주)→안동(安東) 내성참(4.16)→봉화(4.17)→영양(4.18)→영해(4.19) 등을 지나 4월 20일 평해에 도착했다.[1]

조선시대 초기 6대 간선로는 성종 대에 이르러 역원제가 정비되면서 9개의 간선도로가 이루어졌다.[2] 그렇다면 조선 후기 사람들은 서울부터 평해까지 어떤 길을 통해서 갔을까?

그 단서는 김정호가 1862~1866년 사이 작성한 『대동지지(大東地誌)』 「정리고(程里考)」를 통해서 그 여정을 짐작할 수 있다. 이 지리서는 『대동여지도(大東輿地圖)』와 짝을 이뤘는데 『동국여지승람(東國輿地勝覽)』의 오류를 수정하고 보완했다. 「정리고」는 동남(東南) 방향 3대로(三大路)를 통해서 서울부터 평해까지 총 890리(里)로 기록되었다.[3] 김정호의 『대동지지』 「정리고」에 따르면 서울부터 평해까지의 여정과 지명은 다음과 같았다.

첫째, 서울부터 원주까지의 지명을 살펴보면 흥인문(興仁門)→중량포(中梁浦, 중랑천)→망우리현(忘憂里峴, 중랑구와 구리시 경계에 있는 고개)→왕산탄(王山灘, 구리시 왕숙천)→평구역(平邱驛, 남양주시 삼패동 평구마을)→봉안역(奉安驛, 남양주시 조안면 능내리)→용진(龍津, 남양주시 조안면 송촌리와 양평군 양서면 공용진 사이 나루)→월계(月溪, 양평군 양서면 신원리)→덕곡(德谷, 오빈리)→양근(楊根, 대흥 1리 대곡마을에서 용문면 삼성2리로 넘어가는 고개)→백현(柏峴, 대흥 1리 대곡마을에서 용문면 삼성2리로 넘어가는 고개)→흑천점(黑川店, 용문면 삼성3리 흐르는 내)→지평(砥平) 전양현(前楊峴, 무왕2리)→송치(松峙, 양평과 원주 경계)→안창역(安昌驛, 원주시 지정면 안창리 역말마을)→원주(原州, 일산동) 등이었다.

둘째, 강릉까지의 지명을 살펴보면 식송점(植松店, 수암리)→오원역(烏原驛, 횡성군 우천면 오원3리 양달말)→안흥역(安興驛, 안흥리)→운교역창(雲校驛倉, 평창군 방림면 운교리)→방림역(芳林驛, 방림리)→대화역창(大和驛倉, 대화리)→청심대점(淸心臺店, 마평리)→진부역(珍富驛, 진부리)→월정거리(月精巨里, 간평리)→횡계역(橫溪驛, 횡계리)→대관령(大關嶺)→제민원(濟民院, 강릉시 성산면 어흘리 제민원마을)→구산역(邱山驛, 구산리)→강릉(江陵, 용강동)→안인역(安仁驛)→우계창(羽溪倉, 강릉시 옥계면) 등이었다.

셋째, 동해부터 울진까지의 지명을 살펴보면 평릉역(平陵驛, 동해시 평릉동)→삼척(史直驛, 삼척시 사진역)→대치(大峙)→교가역(交柯驛)→용화역(龍化驛)→미현(尾峴)→옥원역창(沃原驛倉, 옥원리)→갈령(葛嶺, 삼척시 원덕읍과 울진군 북면 사이의 고개)→흥부역(興富驛, 부구리)→울진(蔚珍, 읍내리) 등이었다.

넷째, 평해까지의 지명을 살펴보면 수산역(守山驛, 수산마을)→덕신역(德新驛, 덕신리)→망양정(望洋亭, 망향리)→명월포(明月浦)→정명포(正明浦)→월송포진(越松浦鎭)→달효역(達孝驛, 월송리)→평해(平海) 등이었다.

서울부터 평해까지의 여정과 지명			
서울→원주	원주→강릉	동해→울진	울진→평해
흥인문	식송점	평릉역	수산역
중량포	오원역	삼척	덕신역
망우리현	안흥역	대치	망양정
평구역	운교역창	교가역	명월포
봉안역	방림역	용화역	정명포
용진	대화역창	미현	월송포진
월계	청심대점	옥원역창	달효역
덕곡	진부역	갈령	평해
양근	월정거리	흥부역	
백현	횡계역	울진	
흑천점	대관령	원주	
지평	제민원		
송치	구산역		
안창역	강릉		
	안인역		

한편 이규원은 원주에서 봉화를 거쳐 평해에 도착했다. 그렇다면 조선 후기 사람들은 서울부터 봉화까지 어떤 길을 통해서 갔을까? 『대동지지』 「정리고」에 따르면 동남 방향 5대로(五大路)를 통해서 서울부터 봉화까지 총 500리(里)였다.[4]

서울부터 봉화까지의 지명을 살펴보면 홍인문(興仁門)→전관교(箭串橋, 행당동)→신천진(新川津, 신천동)→송파진(松波津, 잠실동)→율목정(律木亭, 창곡동)→광주(廣州, 산성리)→검북참(黔北站, 검북리)→경안역(慶安驛, 경안동)→쌍령점(雙嶺店, 대쌍령리)→곤지애(昆池厓, 곤지암리)→광현(廣峴, 광현마을)→이천(利川, 관고동)→장등점(長등店, 태평리)→음죽(陰竹, 선읍3리)→장해원(長海院, 장호원리)→오갑(烏甲, 문촌리)→용당(龍堂, 용포리)→복성동(福城洞, 충주시)→봉황천(鳳凰川, 봉황1리)→가흥창(可興倉, 가흥리)→하연진(荷淵津, 잠병리)→북창진(北倉津, 문산리)→충주(忠州, 성내동)→신당리(新塘里)→황강역(黃江驛, 한수면 역리)→서창(西倉, 서창리)→의치(衣峙, 오티리)→수산역(壽山驛, 수산리)→장위점(長渭店, 장회리)→단양(丹陽, 하방리)→죽령(竹嶺, 단양과 풍기 경계)→창락역(昌樂驛, 창락리)→풍기(豊基, 성내리)→창보역(昌保驛, 창진동)→영천(榮川, 영주동)→내성점(奈城店, 봉화읍 포저리)→봉화(奉化, 봉성1리) 등이었다.

『대동지지』「정리고」에 따른 서울부터 봉화까지의 지명			
홍인문→곤지애	광현→가흥창	하연진→단양	죽령→봉화
홍인문	광현	하연진	죽령
전관교	이천	북창진	창락역

신천진	장등점	충주	풍기
송파진	음죽	신당리	창보역
율목정	장해원	황강역	영천
광주	오갑	서창	내성점
검북참	용당	의치	봉화
경안역	복성동	수산역	
쌍령점	봉황천	장위점	
곤지애	가흥창	단양	

이규원은 서울→원주→봉화→평해를 말을 타고 갔는데 『대동지지』「정리고」의 서울과 평해 및 서울과 봉화의 길과 비슷한 장소를 거쳐서 지나갔다.

첫째, 이규원은 4월 10일 서울을 출발하여 4월 13일 원주에 도착했다. 그는 서울에서 원주까지 가는 동안 점심을 먹었던 장소와 저녁에 묵었던 숙소의 지명을 다음과 같이 기록했다.

> 홍인문→양주(揚州) 평구점(平邱店)→광주(廣州) 봉안참(奉安站=奉安驛 4.11)→양근군(楊根郡) 금학루(琴鶴樓)→지평현(砥平縣) 망미헌(望美軒 4.12)→안창참(安倉站=安昌驛)→원주감영(原州監營 4.13).

날짜	서울→원주
1882.4.10	홍인문
	양주 평구점
1882.4.11	광주 봉안참
	양근군 금학루

1882.4.12	지평현 망미헌
	안창참
1882.4.13	원주감영

둘째, 이규원은 4월 14일 원주를 출발하여 4월 17일 봉화에 도착했는데 지나간 위치는 다음과 같다.

원주 신림점(新林店)→제천 연봉정(延逢亭)→제천현(堤川縣 4.14)→안동령(安東嶺)→열모역점(烈母驛店)→나포령(羅布嶺)→매포참(梅浦站)→일령(日嶺)→만월강(滿月江)→평굴암(坪窟岩)→장림역점(長林驛店4.15, 단양군 대강면 장림리)→단양(丹陽) 소아지점(小兒只店)→죽령(竹嶺)→순흥(順興, 영주) 수철교참(水鐵橋站)→풍기읍(豊基邑)→지경암(地境岩)→안동(安東) 내성참(內城站=奈城店 4.16)→구능동(九能洞) 세암리(細岩里)→봉화현(奉化縣 4.17).

날짜	원주→봉화
1882.4.14	원주 신림점
	제천 연봉정
	제천현
1882.4.15	안동령
	열모역점
	나포령
	매포참
	일령

	만월강
	평굴암
	장림역점
1882.4.16	단양 소아지점
	죽령
	순흥 수철교참
	풍기읍
	지경암
	안동 내성참
1882.4.17	구능동 세암리
	봉화현

셋째, 이규원은 4월 18일 봉화를 출발하여 4월 20일 평해에 도착했는데 다음과 같은 길을 지나갔다.

도천(刀川, 봉화 명호면 도천리)→비누리(飛樓里) 고서동(高西洞)→등지교(藤支橋)→보령(保嶺)→재산참(才山站 *봉화군 재산면)→납령(嶺嶺)과 덕령(德嶺)→단곡참(丹谷站) 주곡(朱谷)과 교동(校洞)→영양현(英陽縣 4.18)→안기역(安基驛)→내미원참(內美院站)→양치령(兩峙嶺=兩蔚嶺, 창수령)→영해(寧海) 창수원(蒼水院)→영해부(寧海府 4.19)→영석진(潁石津)→백석진(白石津)→지경리(地境里)→평해군(平海郡 4.20).

날짜	봉화→평해
1882.4.18	도천
	비누리 고서동

	등지교
	보령
	재산참
	납령과 덕령
	단곡참 주곡과 교동
	영양현
1882.4.19	안기역
	내미원참
	양치령
	영해 창수원
	영해부
1882.4.20	영석진
	백석진
	지경리
	평해군

이규원의 여정을 살펴보면 그가 지나갔던 길이 일반적인 길이 아니라는 사실을 알려 준다.

2. 이규원이 참고한 지도들

검찰사 이규원은 경기도, 강원도, 경상도를 지나면서 날마다 지나온 거리를 표시했다. 그는 당시 어떤 지도를 참고하였을까?

첫째, 이규원은 「도리도표(道里圖標)」를 사용하면서 자신의 여정과 거리를 미리 파악했던 것으로 판단된다. 「도리도표」는 우리나라 전도인 「팔도전도(八道全圖)」와 6장의 도별 도리표로 구성된 지도첩이었는데 목판본으로 제작되어 18세기 후반 널리 유포되었다. 지도에 포함된 「분방정리(分方程里)」는 조선 후기 주요 도로인 6대로(六大路)의 출발지, 도착지, 경유지, 경유 지역 사이의 거리 등이 도표로 정리되었다. 또한 10촌(十寸)으로 구분된 백리척(百里尺)을 사용하여 위치와 거리를 파악할 수 있었다.[5]

둘째, 이규원은 「동국대지도(東國大地圖)」를 참고한 것으로 보인다. 「동국대지도」는 정상기(鄭尙驥, 1678~1752)가 조선시대에 백리척을 처음으로 사용하여 제작하였다. 정상기는 실학자 성호(星湖) 이익(李瀷, 1681~1763)의 문인으로 학문에 몰두하여 『농포문답(農圃問答)』 등의 저서를 남겼고, 1749년 중추부(中樞府)의 첨지(僉知)에 임명되었다. 정상기를 비롯하여 그의 아들 정항령(鄭恒齡, 1700~1770)과 그의 손자 정원림(鄭元霖, 1731~1800) 모두 조선지도 제작에 관여했다.[6]

1757년 8월 6일 홍문관 수찬(修撰) 홍양한(洪良漢, 1719~1763)은 "정항령의 집에 「동국대지도」가 있습니다. 산천과 도로가 섬세하게 다 갖추어져 있는데 백리척으로 재어 보니 틀림없이 맞았습니다"라고 영조에게 보고했다. 영조는 "나이 칠십 평생에 백리척을 처음 보았다"라고 감탄하면서 홍문관에 1부를 모사할 것을 지시했다.[7] 3일 후인 8월 9일 홍양한은 「팔도분도첩(八道分圖帖)」을 영조에게 보고했다. 영조는 "8도 분도를 보니, 더욱 지극히 정밀하다. 전도(全圖)에 따라 모사(摸寫)하여 들이고 모사한 것을 홍문관[本館]과 비변사[備局]에 비치하게 하라"라고 지시했다.[8]

이익은 그의 저서 『성호사설』에 「동국지도(東國地圖)」라는 제목에서 다음과 같이 기술했다.

> 나의 친구 정상기(鄭汝逸=鄭尙驥)는 세밀히 연구하고 정력을 기울여 백리척을 만들었는데 정밀한 측량을 거쳐서 지도 8편(八編)을 작성했다. 멀고 가까운 거리와 높고 낮은 지형까지가 모두 실형[形實]으로 묘사되었다.[9]

『영조실록』과 『성호사설』의 내용을 정리하면 첫째, 「동국대지도」는 정상기의 아들 정항령의 집에 소장된 백리척의 지도였다. 둘째, 전도에 따라 「팔도분도첩」도 존재했다. 셋째, 정상기는 백리척에 근거한 8편의 지도를 제작했다. 결국 정상기는 최초로 백리척에 기초하여 「동국대지도」와 「팔도분도첩」을 제작했고 영조는 1757년 8월 9일 홍문관과 비변사에 보관할 것을 지시했다. 이것은 「동국대지도」가 정상기가 죽은 이후 1757년 8월 9일 영조에 의해서 공식적으로 공인되었다는 사실을 의미한다.

「동국대지도」는 백두산에서 시작해서 금강산을 거쳐 태백산과 지리산으로 이어지는 백두대간의 모습이 한눈에 들어오는데 특히 백두산이 강조되었다. 또한 330여 개의 고을을 비롯하여 병영(兵營)·수영(水營)·산성(山城)·역원(驛院)·도로 등 각종 행정, 군사, 교통 정보가 상세하게 담겨 있는데 역원(驛院)·진보(鎭堡)·봉수(烽燧)·고개 등의 정보를 기호로 표시함으로써 가독성을 높였다. 무엇보다도 축척을 보면서 지도상의 지점과 지점의 실제 거리를 파악할 수 있었다. 정상기가 고안한 백리척은 100리를 1자(尺)로, 10리를 1치(寸)로 계산하기 때문에 지도상의 위치를 실제거리로 환산할 수 있었다. 또한 도로의 표현이 상세했는데 도로의 중요도가 붉은색으로 채색된 실선의 굵기로 표현되었다. 「동국대지도」는 전국 8도의 도별도와 작은 축척의 「조선전도」를 합쳐 만든 지도로, 18세기 중엽부터 거의 19세기 말까지 인기를 누렸다.[10] 「동국대지도」는 축척과 방위가 매우 정확해 김정호가 지도를 제작할 때 중요한 자료로 삼았다.

셋째, 이규원은 김정호(金正浩, 1804~1866 추정)의 「대동여지도(大東輿地圖)」도 참고한 것으로 보인다. 김정호는 조선후기 지도와 지지를 집대성한 지도제작자로, 1862~1866년에 『대동지지(大東地誌)』라는 지리서 32권을 작성했다. 그중 「정리고(程里考)」는 서울을 중심으로 전국 각지의 이정(里程)을 기록했다. 서울에서 전국 각지에 이르는 11개의 길을 소개했는데 서울에서 동쪽으로 평해까지, 동남쪽으로 봉화까지의 거리가 기록되었다. 김정호는 10리마다 눈금을 표시하여 백리척을 발전시켰다.[11]

결국 이규원은 「동국대지도」와 「대동여지도」 등을 참고하여 18세기 후반 널리 유포된 「도리도표」를 소지하고 공무출장을 수행했던 것으로 보인다.

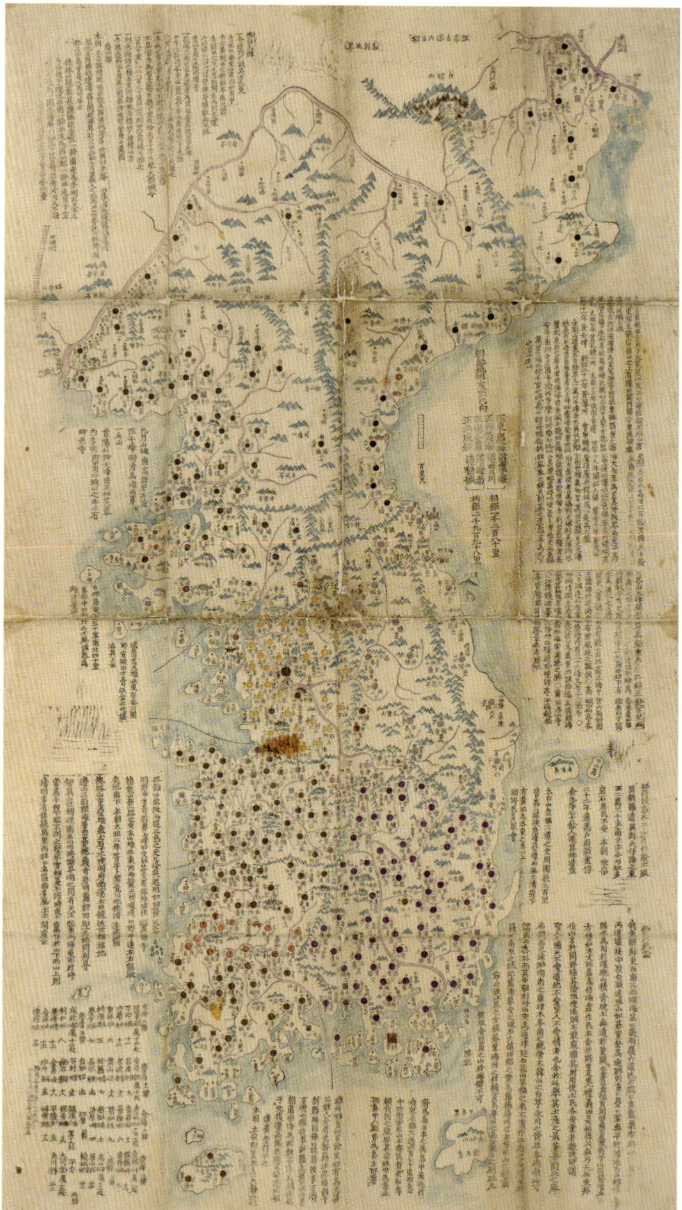

19세기 후반 도리도표(道里圖標) (국립중앙박물관)

3. 서울에서 영주까지 과정과 인물

1) 이규원의 고종 면담

이규원은 1882년 4월 7일 고종을 알현하고 4월 10일 서울에서 출발했다. 4월 12일 원주목(原州牧), 4월 20일에는 평해군(平海郡)에 도착했다. 이규원은 서울에서 출발한 지 보름이 넘은 1882년 4월 27일 구산포(邱山浦)에서 순풍을 기다릴 수 있었다.[12]

1882년 4월 7일 울릉도검찰사 이규원은 출발 인사를 드리기 위해서 고종을 접견(召見)하고, "임금의 말씀이 주밀(周密)하고 정중했다"라고 기록했다. 그 '주밀'하고 '정중'한 고종의 지시는 일본인의 불법 울릉도 왕래를 지적하면서 울릉도 옆의 송죽도(松竹島)와 우산도(芋山島)의 위치와 거리, 읍(邑) 설치를 통한 울릉도 개척 대비 보고서 등을 작성하라는 것이었다. 고종은 '울릉읍'을 설치하려는 계획을 수립하고 '울릉읍' 설치를 위한 지도 및 첨부문서(別單)를 작성할 것도 지시했다. 무엇보다도 고종은 울릉도, 송도(松島), 죽도(竹島), 우산도 4개 섬을 따로 구별했고 동해에서 울릉도를 중심으로 우산도를 독자적으로 구별했다.

그 자리에서 이규원은 "우산도는 바로 울릉도이며 우산은 옛날 도읍(國都)의 명칭입니다. 송죽도는 하나의 작은 섬(小島)인데 울릉도와 30리(里) 떨어져 있습니다. 산물로는 단향(檀香)과 간죽(簡竹)이 있다고 들었습니다"라고 답변했다.

정상기의 「동국대지도」 모사본 (국립중앙박물관)

이규원은 우산도가 울릉도이며 우산을 국도(國都), 즉 수도 명칭으로 파악했고, 송죽도가 하나의 소도(小島)이고 울릉도에서 30리(약 12킬로미터) 떨어져 있다고 했다. 이규원은 울릉도를 우산도와 송죽도, 즉 2개 섬만 구별했다.

고종과 이규원은 울릉도 주변의 섬, 즉 3개 섬에 대한 정보 파악이 달랐다. 고종은 이규원에게 울릉도 주변 섬의 조사를 "혹은 우산도(芋山島)라 칭하고 혹은 송죽도(松竹島)라 칭하니 이는 모두 『여지승람(輿地勝覽)』에 실려 있다. 또는 송도와 죽도라고도 칭하여 우산도와 함께 이 3개 섬을 울릉도라 통칭하고 있다. 그 형세를 모두 검찰하도록 하라"라고 지시했다.

고종은 『여지승람』에 기초하여 우산도와 송죽도라는 명칭이 있다고 언급했다. 또한 울릉도가 송도, 죽도, 우산도 3개 섬으로 구성될 가능성을 이규원에게 제기했다. 이규원이 우산도가 울릉도라고 주장하자 고종은 송도, 죽도, 우산도의 3개 섬으로 구성되었다고 한발 물러섰다. 그럼에도 고종은 울릉도라고 불리는 3개 섬을 언급하여 울릉도의 부속도서라는 개념을 가지고 있었다.[13]

이날 고종은 그동안 울릉도에 관한 수토(搜討) 제도의 소홀함을 지적하면서 울릉도를 상세히 살필 것을 이규원에게 지시했다. 이규원은 울릉도 주변을 성실히 조사(檢察)할 것을 다짐하면서 울릉도 주변 섬 중 송도와 죽도가 2개 섬이 아니라 1개 섬인 송죽도라고 주장했다. 하지만 고종은 울릉도 및 '송도'와 '죽도'의 관계를 고려하면서 이규원의 사실 출처를 추궁했다. 이규원은 울릉도 수검인(搜檢人)을 직접적으로 만나지 못했고 단지 간접적으로 전해 들었을 뿐이라고 고백했다.[14] 그는 울릉도 명칭과 위치에 관련하여 구체적인 자료를 제시하지 못했다. 단지 간접적으로 전해 들은 내용에 기초하여 '울릉도'와 '송죽도'만 구별했다. 반면 고종은 기존 관찬문헌을 참고하여 울릉도와 우산도 및 '송도'와 '죽도'의 관계를 확정하려고 생각했다.

그렇다면 우리는 송도와 죽도에 대한 고종과 이규원의 대화를 주목할 필요가 있다. 우리가 관심을 가져야 하는 것은 발언의 의미로, 첫째 주제를 해명하는 것으로 시작해야 하며, 둘째 이것이 동일한 주제에 연루된 다른 발언과 정확히 어떻게 연결되거나 관계되는지 결정하기 위해 그 발생의 논쟁적 맥락에 주목해야 한다.[15] 따라서 이규원의 「계초본(啓草本)」에 '송도'가 독자적으로 기록된 사실, 신경준의 『강계고』에 '송도'를 설명한 사실 등 다양한 문헌의 연속성을 고려한다면 '송도'와 '죽도'를 구별하는 것은 당연하다.

2) 이규원의 흥인문 출발

이날 이규원은 성문을 나서야 했지만 이미 어두워졌기 때문에 출발하지 못했다. 4월 8일 이규원은 흥인문(興仁門, 동대문) 밖에 나와 숙박하면서 출장을 위한 서류와 짐을 꾸렸고 4월 10일 서울에서 출발했다. 이규원은 마차(車馬)에 앉았고 여섯의 병사(步卒)가 순시(巡視)를 따랐다. 햇살이 말안장을 비출 정도로 좋은 날씨였는데 지휘하는 깃발이 선두에 있고 병사들이 마차의 앞과 뒤를 호위했다.[16] 이후 이규원은 공무출장에 따른 일지를 매일 매일 기록했는데 그의 기록에 따른 일정을 살펴보면 다음과 같았다.

4월 10일 정오 양주(揚州) 평구점(平邱店) 40리에 이르러 점심을 먹었다. 곧 출발하여 30리를 가서 광주(廣州) 봉안참(奉安站, *남양주시 조안면 능내리)에 숙소를 정했다. 양주부터 광주까지 지나온 모든 길은 산이 높고 물이 맑아 아름다웠다. 산기슭의 길은 꼬불꼬불했고 강물이 몹시 맑았고 석양의 풍광이 좋았다. 봉안참은 조각배가 위아래로 왔다갔다하고 갈매기(白鷗)가 훨훨 나르며 혹 잠기고 뜨니 행인이 말을 멈추는 곳이었다.

4월 11일 아침 날씨가 맑아 봉안참에서 배를 타고 출발했다. 동으로 10리쯤 가서 강을 따라 올라가니 높고 빼어난 경치의 산천이 보였는데 그 위에 암자가 있었다. 뱃사람은 수종사(水鐘寺)라고 알려 주었다. 수종사는 세조대왕 당시 창건한 곳이었다. 강을 건너 석장진(石檣津)에 도착하여 몇 리쯤 가니 길이 나왔다. 푸른 암벽 아래 맑은 물이 흐르는 경계인 월계(月溪)에 도착했다. 말을 타고 산길을 넘어 평탄한 들판을 지나 30리를 진행하여 양근군(楊根郡) 금학루(琴鶴樓)에 도착하여 점심을 먹었다. 길을 나서 마늑령(馬勒嶺)을 넘어 30리를 가니 지평현(砥平縣) 망미헌(望美軒)에 도착하여 숙박했다. 지평현은 용문산(龍門山)이 있어 별미로 산채가 많았다. 오늘 지나온 길은 80리 길이었다.

4월 12일 날씨가 맑은 아침에 출발했다. 동쪽으로 5리를 가서 전년령(前年嶺)을 넘고 또 10리를 가서 모절점(毋節店)에 도착했다. 여주(驪

州)에 사는 외종(外從) 유생원(柳生員)이 행차를 알고 기다렸다. 작별하고 5리를 가서 신화령(新花嶺)을 넘어 30리를 가서 지평과 원주의 경계인 송령(松嶺)을 넘었다. 그곳에 원주의 관리가 마중 나왔다. 마침 하늘에서 비가 쏟아졌지만 10리를 더 가서 안창참(安倉站 *安昌驛과 동일한 것으로 판단)에 이르러 점심을 먹었다. 말을 타고 출발하여 안치(鞍峙)를 넘어 30리를 가니 원주의 북문(北門)에 도착하여 그곳에서 숙박했다. 이날 지나온 길은 90리였다.

4월 13일 원주감영(原州監營)에서 머물렀고 4월 14일 맑은 날씨에 원주에서 출발했다. 원주목(原州牧)과 중군(中軍)이 차례로 나와서 남문(南門)에서 작별했다. 1리쯤 가서 총융사(摠戎使) 정기원(鄭岐源)과 잠시 이야기하고 곧 출발했다.

1871년 신미양요(辛未洋擾) 당시 로저스(John Rodgers, 1812~1882) 제독이 이끄는 미국함대가 강화도를 공격할 때 진무사(鎭撫使) 정기원은 미국해군의 불법에 항의하며 미국의 통상제의를 거절했다. 그는 강화도 광성보(廣城堡)에서 조선병력이 전멸할 정도의 사상자를 낸 참혹한 전투를 수습한 인물이었다.[17] 정기원은 이규원을 만난 지 2달 후 1882년 6월 삼도수군통제사(三道水軍統制使)에 임명되었다.[18]

설파령(屑坡嶺)을 넘어서 20리를 가서 원주 신림점(新林店)에 도착하여 점심을 먹었다. 홍주(洪州)의 관리는 150리 역참에서 기다려 출장 관원의 잡물을 공급했는데 다른 역참보다 배나 많았다. 이는 홍주의 책사

(冊室, *비서) 김선달(金先達)이 주선했다. 바로 출발하여 5리쯤 가서 충청도 제천 연봉정(延逢亭)에 도착했는데 현감이 보낸 관리가 마중 나왔다. 말에 올라 10리를 가서 채지령(債只嶺)을 넘고 15리를 가서 소한평막(小寒坪膜)을 거쳐 10리를 가서 제천현(堤川縣)에 도착했다. 저녁을 먹은 후 달빛 아래 제천 박제승(朴齊昇)의 집을 찾아가서 술을 나누고 돌아와서 취침했다. 오늘 지나온 길은 80리였다.

4월 15일 제천현감(堤川縣監) 임병익(林炳翼)[19]이 아침 식사를 준비했는데 술과 안주를 주고받았다. 출발할 때 술과 안주를 간단히 갖추어 읍의 앞마을 박제승의 집으로 가서 술을 나누고 작별했다. 출발하여 10여 리를 가서 제천현 경계에 잠시 쉬는데 그때 단양군의 관리[延逢]가 마중 나왔다.

안동령(安東嶺)을 넘어 20리쯤 가서 열모역점(烈母驛店)에서 잠시 쉬었다. 5리쯤 가서 나포령(羅布嶺)을 넘고 5리를 가서 매포참(梅浦站)에서 점심을 먹었다. 매포(梅浦)는 큰 산이 주위를 둘러싼 가운데 평평하게 함몰된 지역으로 인가가 수십 호였다. 멀리서 바라보니 해암(海巖) 위에 야학(野鶴)이 높이 깃들어 있는 듯하고 매화가 포구에 떨어지는 것 같았다. 전답이 즐비하여 주민들이 경작하기에 적당했는데 만약 남북으로 하나의 길이 관통되지 않았다면 진실로 주진촌(朱陳村) 마을의 선장(仙庄)과 같았을 것이다.

출발하여 10리쯤 가서 일령(日嶺)을 넘어 5리쯤 가서 만월강(滿月江)을 건넜다. 이 강은 처음 오대산에서 발원하여 흐름이 6백 리에 뻗었다고 한다. 강의 좌우에 석벽이 높이 서서 험한 길[鳥道]이 되었는데 배가 강의 중간에 풀잎같이 내려갔다 올라갔다하는 모습은 꾀꼬리가 버들 사이를 왕래하는 것 같으니, 산수의 경치가 기묘[奇觀]했다.

10리쯤 가서 단양 뒤의 평굴암(坪窟岩)을 보았는데 큰 바위가 굴(窟)이 되어 50~60명을 수용할 수 있었는데 안에는 큰 가뭄에도 마르지 않는 물이 있었다. 그 아래 논 수백 두락(斗落)이 이 물로 농사를 지으니 유명한 바위가 되기에 충분했다.

5리를 가니 장림역점(長林驛店)에 도착했는데 저녁상을 판서(判書) 족숙(族叔) 이면긍(李勉兢)[20] 집안에서 보내왔다. 큰 산을 둘러싸고 큰 평야에 50~60호의 마을이 있었는데 가옥과 물산이 풍요로워 보였다. 오늘 지나온 도로가 합 70리였는데 산길에 고개가 많아 험하고 멀어서 80~90리에 가까운 것 같았다.

이규원이 기록한 주진촌은 당나라 때 주씨와 진씨가 서주(徐州) 풍현(豐縣)의 한 마을에서 대대로 통혼(通婚)을 하며 함께 살았던 마을이었다. 당나라 시인 백거이(白居易)는 「주진촌」에 대한 시를 남겼다.

> "서주(徐州) 고풍현(古豐縣)에 마을 하나 있는데 주진촌이라고 하네. 고을이 멀어 관(官)의 일이 적고 사는 곳이 깊숙해 풍속이 순후하네. 재물이 있어도 장사를 하지 않고 장정이 있어도 군대에 가지 않네. 집집마다 농사일을 하면서 머리가 희도록 밖으로 나가지 않네. 살아서는 주진촌 사람이요 죽어서도 주진촌 흙이 되네. 밭 가운데 있는 노인과 어린이들 서로 쳐다보며 어찌 그리 즐거운가. 한 마을에 오직 두 성씨가 살아 대대로 서로 혼인을 한다네."[21]

4월 16일 맑음. 장림역점을 출발하여 25리를 가서 단양 소아지점(小兒只店)에 이르러 잠시 쉬면서 교군(轎軍)에게 술을 주었다. 죽령(竹嶺)에 이르게 되었다. 이 고개는 충청도와 경상도의 경계로 준령이 높이 솟아 팔도에서 유명한 곳이었다. 5리를 가서 순흥(順興, 영주) 수철교참(水鐵橋站)에 도착하여 말을 갈아탔다.[22] 창락찰방(昌樂察訪) 박수창(朴壽昌)이 급히 달려와 인사하고 바로 떠났다. 10여 리를 가서 풍기읍(豊基邑)에서 점심을 먹고 10여 리를 지나 안동 땅에 이르렀다. 10여 리를 더 가서 지경암(地境岩)에 도달했는데 지경암은 순흥과 안동 두 읍의 경계에 있다. 10여 리를 가서 안동 땅으로 돌아온 후, 다시 20리를 가서 안동 내성참에서 묵었다.[23]

죽령은 경상북도 영주시 풍기읍과 충청북도 단양군 대강면 사이에 있는 백두대간상의 고개이다. 높이는 해발 696미터이고 고개 북동쪽에는 소백산이 있는데, 고개 대부분이 소백산국립공원에 속한다. 신라 아달라이사금(阿達羅尼師今) 때의 죽죽(竹竹)이라는 사람이 닦아서 '죽령'이라 불린다는 이야기가 전한다. 삼국시대 당시 신라의 북쪽으로 통하는 주요한 길목이자, 낙동강 유역에서 한강 유역으로 통하는 생명선이었다. 고구려의 전성기였던 장수왕 때는 고구려가 남쪽으로 세력을 뻗쳐 죽령이 고구려 남쪽-신라 북쪽 국경선이었고, 이는 진흥왕 때 신라가 고구려를 쳐서 빼앗는다. 이때 죽령 입구에 성을 쌓으면서 만든 비석이 단양 신라적성비이다. 『삼국사기』에 따르면 "신라 아달라왕 5년(서기 158)에 죽령 길이 열렸다"는 기록이 있고, 『동국여지승람』에 따르면 "아달라왕 5년에 죽죽이 죽령 길을 개척하다 지쳐서 순사했다"

는 기록이 전해진다. 신라의 오령(五嶺)은 조령(鳥嶺) · 죽령(竹嶺) · 화령(化嶺) · 추풍령(秋風嶺) · 팔량령(八良嶺)이다.[24]

이날 이규원은 죽령에서 검찰사 임무수행의 의지를 다졌다. "산은 태백(太白)의 작은 것이지만 길은 검찰(檢察)의 특별한 것이다. 이 고개 위에 오르니 크게 세상을 맑고 강하게 하려는 의지가 생긴다."[25] 그는 스스로 자신의 임무에 사명감을 부여하면서 자신을 혹독하게 채찍질하는 인물이었다.

4. 봉화현 및 영양부터 평해까지 과정과 인물

4월 17일 안동 내성참을 출발하여 10여 리를 가서 구능동(九能洞) 세암리(細岩里)에 이르니 봉화현감(奉化縣監)이 보낸 사람이 마중 나왔다. 10리를 가서 봉화현에서 점심을 먹었다. 10여 리를 가니 도천(刀川, 봉화 명호면 도천리)에 도착했다. 한낮의 햇볕은 불같이 타고 수석(水石)은 맑고 차가웠는데 개울가의 반석(盤石)에서 잠시 쉬었다. 물을 따라 몇 리를 가는데 서 있는 돌들이 기괴했다. 누구인지 모르지만 "산고월소(山高月小) 수락석출(水落石出)"[26]이라는 여덟 자를 돌에 새겨서 붉게 칠해 놓았다. 10여 리를 가서 비누리(飛樓里) 고서동(高西洞)에 이르렀는데, 이곳은 대추가 나는 곳이다. 안동부사(安東府使)가 보낸 사람이 160리나 떨어진 여기까지 마중 나와 참(站) 밖에서 기다리고 있었다. 등지교(藤支橋)를 건너서 몇 리를 지나 보령(保嶺)을 넘었다. 고개 위에는 나무가 그늘을 드리우고 돌이 빽빽이 들어서 있었다. 조금 쉰 후 10여 리를 지나 재산참(才山站 *봉화군 재산면)에 이르러 저녁을 먹고 쉬었다.[27]

4월 18일 아침에 흐리고 저녁에 비가 왔다. 일찍 출발하여 10여 리를 가서 안동의 경계 납령(臘嶺)과 영양(英陽)의 경계 덕령(德領)을 넘었다. 영양현감(英陽縣監)이 보낸 사람이 마중 나왔다. 10여 리를 가서 단곡참(丹谷站)에서 잠시 쉬고 하인들에게 술을 주었다. 10여 리를 가서 주곡(朱谷)과 교동(校洞)을 지나 영양현(英陽縣)에 이르러 현감(縣監) 이희(李僖)와 함께 점심을 먹고, 술을 마시고 작별했다.

예전에 영양현(英陽縣)에 거처했는데 옛 문하인(門下人)들의 자손을 불러서 함께 점심을 마쳤다. 안기역(安基驛)에서 비를 무릅쓰고 말을 타고 20리를 가서 내미원참(內美院站)에 도착해서 저녁을 먹었다. 가는 도중 산길은 울퉁불퉁하고 돌이 많았고 물길을 여섯 번 건넜다. 계곡 주민이 스스로 힘을 다하여 길을 닦았지만 매우 험난했다. 저녁 늦게 비가 밤새도록 쏟아져서 골짜기에 물이 넘쳐흘렀다.[28]

영양현은 본래 신라의 고은현(古隱縣)이었는데 고려 명종(明宗) 때 영양으로 이름을 바꾸었고, 조선시대 1682년에 영양현이 새로 설치되었다.[29] 갑오개혁 이후 지방제도 개정에 의하여 1895년에 안동부 영양군, 1896년에 경상북도 영양군이 되었다. 일월산과 반변천 중심으로 세심암·선유굴·송영당·초선대 등의 명소가 있다.

4월 19일 바람이 크게 불고 비가 내렸다. 출발하여 30리를 가는 동안, 물길을 열여덟 번 건너고 고개를 한 차례 넘었다. 고개 이름은 양치령(兩峙嶺=兩蔚嶺, *현재 창수령)이었다. 고갯길이 너무 험준하여 오르니 하늘에 오른 것 같았다. 또 비바람이 심하게 불었지만, 다행히 영해(寧海) 창수원(蒼水院 *영덕군 창수면)에 도착하여 점심을 먹었다. 출발하여 10리 남짓을 가는 길에 하인이 몸을 떨지 않는 이가 없었다. 막걸리를 마시고 30리를 갔다. 영해부에 도착하여 묵었다. 영해부사(寧海府使) 이만유(李晩由)[30]는 영덕군수를 겸임하고 있어 그곳에 있었다. 도로를 합해 보니 70리였다. 송라도장(松羅道場)이 병무역(丙戊驛)에서 말을 징발했다.

흥해군(興海郡)에서 편지가 도착하여 답장을 썼다. 입도할 선척(船隻)

의 뱃사공과 곁꾼, 잡물이 지체되어 각 읍에 공문을 발송하여 독촉했다.[31] 이날 이규원은 삼척포군(三陟砲軍) 영장(領將) 김덕연(金德淵), 울진포군 영장 김만증(金萬曾) 등에게 독촉 공문(差帖)을 작성해서 보냈다.[32]

영양읍에서 평해로 가는 길은 북쪽 노선과 남쪽 노선이 있었다. 북쪽 노선은 현재 영양군청에서 구주령(九珠嶺)까지 28킬로미터이다. 구주령은 경상북도 영양군 수비면과 울진군 온정면의 경계에 있는 높이 약 550미터의 고개다. 고개 정상 근처에 구주령 휴게소와 구주령 비석이 있다. 남쪽노선은 창수령(蒼水嶺)을 넘어 영해 창수원을 거쳐 영해부에 도착한 다음 해안선을 따라 평해군으로 가는 길이다. 이규원은 영양현에서 양울령(창수령)까지 대략 60리(24킬로미터)를 갔다. 창수령은 영덕군과 영양군을 연결하는 해발 700미터의 고갯길로서 영양과 봉화 등 내륙 주민의 영덕 영해시장과 동해안을 연결해 주는 핵심적인 길이었다.

경북 영양군 석보면이 고향인 이문열에게 창수령은 무척이나 익숙한 곳이었다. 이문열의 소설 『젊은날의 초상』에는 주인공이 창수령을 넘는 순간을 다음과 같이 묘사했다.

"창수령을 넘는 동안의 세 시간을 나는 아마도 영원히 잊지 못하리라. 세계의 어떤 지방 어느 봉우리에서도 나는 지금의 감동을 다시 느끼지는 못하리라. 우리가 상정할 수 있는 완성된 아름다움이 있다면 그것을 나는 바로 거기서 보았다. 오, 아름다워서 위대하고 아름다워서 숭고하고 아름다워서 신성하던 그 모든 것들."[33]

4월 20일 영해부(寧海府)에서 출발하여 큰 내를 건너 10리를 가서 영석진(潁石津)에 이르니 끝없는 바다 색깔이 넓게 하늘처럼 보였다. 파도는 바람으로 인하여 용솟음치고 충돌하여 들어왔다가 물러나니 벼락치는 소리 같았다. 해당화 색깔은 길의 좌우에 웃는 자태가 있었다. 잠시 주점에 쉬니 영석진의 주민(頭民)이 탁주를 가져왔다.

각자 술을 한 잔씩 먹고 출발하여 백석진(白石津)을 건너 지경리(地境里)에 이르니 평해군의 관리가 나와서 맞이했다. 신립역(新立驛)에서 말을 징발했다. 영기(令旗) 한 쌍과 취타수(吹打手)를 행차에 동원하여 평해군 앞에 도착했는데 평해군수(平海郡守) 유정(柳珽)[34]이 막사를 설치하고 나와서 기다렸다. 군수와 함께 수작을 한 후에 바로 평해군의 숙

영양군청의 정원 후낙원(後樂園) (필자 촬영)

소에 들어갔다.

입도할 선척의 사공과 곁꾼, 잡물이 아직 도착하지 않아 각 읍에 특별히 경계하여 타일렀다(戒飭). 삼척포군이 오는 도중에 폐단을 일으켰다는 것을 듣고 놀랐는데 장소를 정하여 잡아서 기다리라고 명령했다. 울진 책실(冊室) 선달(先達) 윤영구(尹鑠求)가 밤을 이용하여 와서 만나 수작(酬酌)하고 물러갔다. 도로를 합하니 총 50리를 이동했다. 서울에서 평해에 이르기까지 도로가 총 720리 남짓이고 지나온 읍이 총 14 고을이었다.[35]

덕과 예로써 명령하고 위엄과 규율로써 백성을 다스려야 한다. 평소에 법령이 행해져 그 백성들을 가르치면 백성들이 복종하고 그렇지 않으면 복종하지 않는다. 삼척포군이 백성에게 피해를 준 사실을 파악한 이규원은 신속히 민심을 수습하려고 노력했다. 평소에 법령이 행해지려면 백성과 한마음이 되어야 한다는 사실을 그는 잘 알고 있었다.

5. 평해에서 수토 준비

이규원은 평해에 도착하여 울릉도로 출발하기 위해서 본격적으로 준비했다. 4월 20일 평해군에 도착하여 26일까지 바다를 건너갈 선박, 땔나무, 물과 양식 등을 준비한 후 27일부터 읍에서 10리쯤 떨어진 구산포에서 순풍을 기다렸고 29일에 울릉도로 출발할 수 있었다.[36]

19세기 조선 정부는 영토를 수호한다는 명분 아래 울릉도 수토(搜討)를 지속했는데 때때로 지역 백성들은 고통을 받았다. 구산동(邱山洞)은 평해군 북쪽 10리에 산을 등지고 바다에 인접해 풍광이 좋으며 촌락이 풍요로웠다. 삼척영장(三陟營將)과 월송만호(越松萬戶)는 3년 간격으로 울릉도를 수색하고 토벌했는데 수토에는 많은 비용이 필요했고, 이는 백성들에게 고통이었다. 특히 평해군 구산동은 출발을 기다리는 후풍소(候風所)가 있어서 다른 곳보다 고통이 심했다.[37] 구산동 주민은 3년마다 부뚜막을 늘려 밥을 지었는데 심지어 고아와 아녀자는 호구세(戶口稅)까지 내야 했다.[38]

구산동 대풍헌(待風軒) 소장 『수토절목(搜討節目)』에 따르면 "유숙하는 기간이 길고 짧은 것은 바람의 형세가 좋고 나쁨에 있었다. 8~9일 또는 10일 이상이었다. 비록 유숙하는 날이 길지 않더라도 각 항목의 비용이 적지 않았다. 매번 돈을 걷을 때마다 원망과 증오가 더해져 모두 '버티기 어렵다'라고 얘기했다"[39]라고 한다.

구산동 주민은 한 번 수토를 할 때마다 100금(金)[40]의 재력이 고갈되었다. 그러자 조선 정부는 구산동 주민의 민심을 안정시키기 위한 대책을 마련했다. 1869년 황영장(黃營將)은 바다를 순찰할 때 은택을 내려 30금을 구산동에 맡겼는데 그 이자가 늘어나 구산동은 열매를 먹는 이익이 생겼다.[41] 또한 '막중한 국사'인 수토역(搜討役)은 한 번 복무하면 다음 여덟 번의 부역을 빠질 수 있었다.[42] 그러자 구산동 주민은 선정을 베푼 삼척영장과 월송만호를 위해서 기념비[不忘之板]를 만들었다.

4월 21일 평해군 장교청(將廳)으로 거처를 옮겼다. 오후 전 평해군수 원세창(元世昌)이 들어와서 수작했고 월송만호 원희관(元喜觀)[43]이 와서 인사했다. 삼척포군 군관행수(軍官行首) 손병권(孫秉權)을 불러서 삼척포군의 폐단을 조사하여 결정하도록 지시했다. 세 군데 절에 불공을 드리기 위해 택일했다.

4월 22일 평해의 선암사(仙岩寺), 수진사(修眞寺), 광흥사(廣興寺)의 절에 머무르며 불공은 교리(校吏, 장교)를 통해서 실행했다. 이날 삼척포군 30명 중 지원자 12명만 선택했다. 나머지 18명이 소지한 화약과 탄환은 입도군(入島軍)에게 전달했다. 1명마다 백미 3되(升)씩 마련하여 3일 일정으로 계산하여 돌려보냈다. 울진포군 10명 중 지원자 3명, 평해포군 10명 중 지원자 4명만 선택했다.[44]

이규원은 지원자를 중심으로 검찰사 수행 인원을 선정하여 최대한 수토를 위한 정예 병력을 갖추려고 노력했다.

4월 23일 가는 비가 내리고 배와 노 저을 사람이 준비되지 않아서 계속 평해군에 머물렀다. 이날 이규원은 저녁에 답례(答礼)를 위해서 중추원도사(中樞府都事) 심의완(沈宜琬)과 함께 평해 원세창[45]의 집을 방문했다.

이날은 원세창의 생일이었다. 가는 길은 늦봄의 풍경이었다. 가는 비가 연기 같고 들판이 연한 청색[細雨如烟 野色軟靑]으로 보였다. 밭 주변에 있는 큰 연못의 이름은 석담(石潭)이었다. 도롱이를 쓴 어부는 장대에 걸친 듯한 달빛 아래 넓게 그물을 펼쳤다. 마치 중국 위수(渭水)에서 옥으로 만든 낚싯바늘을 드리우듯 제택(齊澤)에서 양가죽 옷을 걸치고 고기를 낚는 듯했다. 어부가 모든 일에 뜻이 없으니 보기 드물게 한가한 사람처럼 보였다.[46]

당(堂)에 올라 원세창 대인(大人)을 보았다. 대인은 80세에 이르렀지만 홍안백발(紅顔白髮)로 기력이 왕성하고 건장했다. 대인은 아버지 이면대(李勉大)와는 같은 무과 출신으로 평소 교분이 두터웠는데 그를 보니 돌아가신 선친을 사모하는 마음이 가득했다.

이날 만난 평해군수 출신 원세창은 6개월 후인 1883년 11월 서울 방위군대 금위영(禁衛營) 파총(把摠)[47]에 임명될 정도로 건강을 계속 유지했다.

돌아오는 길에 예전에 깊이 사귄, 전 평해군수 정수현(鄭秀鉉)[48]의 집에 갔다. 정수현은 평해군 서쪽 달면리(達面里)에 거주하다가 최근에 사망했다. 옛정 때문에 그냥 지나칠 수 없어서 방문했는데 8살 어린아이가 아버지의 모습과 흡사했다. 그다음 날 정평부사(定平府史) 출신 정수현의 아들이 인사차 왔는데 과일 등을 주어서 돌려보냈다. 정수현의 그 아이는 1893년 무과에 급제한 정제홍(鄭濟弘)이었다.[49] 저녁 늦게 돌아와 보니 흥해군수(興海郡守) 조희완(趙羲完)이 하급 관리(下吏) 최정순(崔

丁珣)을 통해서 술과 안주와 서간(書簡)을 보냈다.[50] 조희완은 흥해군수 이후 중앙관직인 훈련원에 복귀하였다. 그는 청렴하고 일솜씨가 깔끔하다는 평가를 받았다.[51]

4월 24일 날씨가 맑았다. 이규원은 경상도(慶尙道) 각 읍의 해당 관리에게 관문(關文)을 발송했는데 그 이유는 배와 사공과 격인(格人)과 물건이 지체되었기 때문이었다. 이규원은 평해군수를 시켜 이미 도착한 양식을 관리하도록 지시했다.

이날 이규원은 민간인에게 피해를 준 삼척포군 2명을 엄하게 처벌했다. 삼척포군이 길에서 45량(兩)을 빼앗았기 때문이었다. 이규원은 그 죄를 물어 평해군(本郡)에서 각각 엄히 곤장을 치도록 했고 45량(兩)

대풍헌 (필자 촬영)

을 해당 동(洞)에 돌려보냈다. 이규원은 관리의 부정부패를 엄격하게 처리하여 백성의 지지를 얻으려고 노력했다.

4월 25일 날씨가 좋아 따뜻하고 바람도 잔잔했다. 경상도(慶尙道)의 배가 모두 도착하지 않아서 평해군에 머물렀다. 경주(慶州)의 이방(吏房)·호방(戶房)·형방(刑房)이 장문(狀文)을 보냈는데 그 내용은 1차 관문(關文)이 22일에 도착했고 배를 최대한 빨리 평해에 대기시킬 예정이라는 것이었다. 삼척(三陟)과 울진(蔚珍) 격인의 장문을 살펴보니 그 내용은 울진을 떠날 때 갖고 온 식량이 그동안 시일이 지체되어 사용되었다는 것이었다. 정오에 다과상이 나와 배불리 먹었고 오후에 울릉도로 가지고 갈 물건들을 확인하기 위해서 구산포로 갔다.

이날 오전에 이규원은 휘하 군사를 거느리고 군사훈련을 실시했다. 그는 평해군 뒤편의 관덕정(觀德亭)에 올라 화살(柳葉箭)을 각자 5발씩 세 번 돌아가면서 쏘도록 훈련했다.[52]

지혜로운 장수는 불리한 상황 속에서도 유리함을 도모할 수 있는 강한 신념, 유리한 상황에서도 해로움을 관찰해 우환을 해소시킬 수 있어야 한다. 그런 마음으로 이규원은 수토를 위한 정예 병력을 갖추면서 수토의 과정에서 일어날 혹시 모를 만일의 사태에 대비하여 군사훈련까지 실행했다.

6. 영남만인소와 유도수

1882년 4월 26일 맑은 날씨였다. 울진에서 서간이 와서 곧바로 답장을 발송했다. 흥해군수 조희완은 또다시 영리(營吏) 장병익(張秉翼)을 통해서 술과 서간을 보냈다. 원려산(元礪山) 노장이 내방하여 술을 나눈 후 돌아갈 때 쌀 2석(石)을 주어 환송했다.

이날 안동의 선비 유도수(柳道洙)가 길주(吉州)에서 6년간 유배 생활을 하다가 평해로 이배(移配)된 지 3년이 되었다고 들었다. 시 2수를 지어 쌀 1석(石)과 함께 보냈다.

유도수는 1874년 흥선대원군이 정계에서 물러나는 것은 국가를 위해 옳지 않다는 '속국론(屬國論)'의 상소를 올렸다. 그 결과 그는 1875년 함경북도 길주목(吉州牧)으로 귀양을 갔다가 1880년 평해로 유배지를 옮겼다. 1882년 풀려나 고향으로 돌아와 독서에 매진하며 후진 양성에 전념했다.[53]

당시 대원군은 퇴계 이황(李滉) 사후 분화된 유성룡 계열의 병파(屛派)와 김성일 계열의 호파(虎派)의 화합을 추진했는데 1871년 서원을 철폐하는 과정에서 병산서원(屛山書院)을 남겨두고 호계서원(虎溪書院)를 철폐시켜 호파의 반감을 샀다. 이러한 상황에서 1874년 영남사림의 공론을 집약해서 영남만인소(嶺南萬人疏)를 주도할 중립적 인물이 필요했는데 그 인물이 바로 상소의 주동자(疏頭)인 유도수였다. 그는 병파에 속하면서도 호파와도 긴밀한 관계를 유지했다. 그러나 대원군 봉환

청원(奉還請願) 영남만인소는 1875년 유도수를 비롯한 참여 인물들이 유배됨으로써 실패로 끝났다. 유도수는 대원군이 집권하자 세도정치로 인해 위축된 사림정치를 활성화하려고 노력했다. 이는 대원군의 개혁이 성리학적 질서를 근간으로 각종 병폐를 제거하는 방향을 지향했기 때문이었다.[54] 이규원은 대원군과 연결된 유도수까지 챙기는 노련함을 보여 주었다.

1882년 6월 9일 임오군란 직후 대원군이 권력을 장악했다. 이날 이규원은 훈련도감 천총(千摠)으로 임명되었다. 하지만 이규원은 '신병'을 명분으로 직임을 수행하지 않았고 그 결과 1882년 6월 28일 훈련도감 천총(千摠)에서 해임되었다.[55] 그 후 1882년 7월 13일 대원군은 청국군대에 의해서 납치되었다. 이규원은 1882년 7월 28일 경상좌병사, 1882년 8월 13일 훈련도감 중군(中軍), 1882년 9월 24일 어영대장 등으로 승진했다.[56]

임오군란 이후 이규원의 관직을 살펴보면 고종은 대원군의 부름을 거부한 이규원을 군부의 핵심부서로 발탁하여 강한 신뢰감을 보여 주었다. 이규원은 대원군과의 관계도 나쁘지는 않았지만, 고종과 대원군이라는 선택의 갈림길에서 고종에게 충성심을 보여 준 인물이었다.

7. 기생 경란과 석재 서병오

4월 26일 오후쯤 평해군 숙소 장교청(將校廳)에서 차(茶)를 마신 다음 경주(慶州) 기생(妓) 경란(瓊蘭)의 노래와 가무를 관람했다(善爲消日). 전(錢) 20냥을 주어서 경주로 돌아가게 했다.[57] 당시 20냥은 4원이었는데 이규원은 지금의 현금으로 40만 원을 주었다.

조선시대의 기생제도는 관기(官妓)로서 궁중의 약방이나 상방(尙房) 등에 소속되어서 약을 달이거나 바느질하는 일을 했는데 궁중의 연회가 있을 때는 노래나 춤을 추었다. 일제강점기 관기제도가 없어지면서 기생들은 서울에 광교조합(廣橋組合)을 설립했는데 뒤에 한성권번(漢城券番)으로 개칭했다. 기생은 본래 시문(詩文), 음곡(音曲), 습자(習字), 가무(歌舞), 예의(禮儀)를 배웠는데 음곡은 가곡(歌曲)과 가사를, 춤은 정재(呈才)를 배웠다. 그 뒤 권번(券番)은 시조와 경기잡가, 서도잡가, 민요 등을 추가하여 학습시켰다. 지방도 권번이 설립되었는데 경주, 대구, 광주, 남원, 개성, 함흥, 평양 등의 권번이 있었다.[58]

경주의 관기인 경란은 미모뿐 아니라 서예, 한문, 가무 등에 실력을 갖춰 누구나 탐내는 기생이었다. 기생의 본분인 가무에 있어서 경상도 칠십 고을의 어느 기생보다 뛰어난 재주를 갖추었다.[59] 경란은 1910년 일본의 한국 강점 이후 지방 기생의 조합인 권번에 들어갔다. 이후 경란의 이름은 영남 문인화의 대부인 석재(石齋) 서병오(徐丙五, 1862~1936)의 시서화(詩書畵)에 나온다. 석재는 일제강점기 대구 달성권번(達城券番)의 대부였는데 기생 경란을 만나 시·서·화를 알려 주고 그녀를 위해 직접 시서화(詩書畵)를 그려 주었다.

석재 서병오는 시면 시, 바둑이면 바둑, 심지어 의학에도 일가견이 있어 사람들은 그를 '팔능거사(八能居士)'라고 불렀다. 그는 사군자와 행서체로 유명했는데 훤칠한 외모와 호탕한 성격에다 두주불사였다.

1879년 대원군은 18세의 석재를 운현궁으로 불러 교류하면서 석재라는 호를 직접 내렸을 정도로 그의 재주를 사랑했다. 석재는 운현궁에 머물면서 대원군으로부터 추사의 맥을 이어받아 문인화의 기초를 다져갔는데 예서, 초서와 함께 난화(蘭畵)를 배웠다. 그 당시 석재는 운현궁에서 민영익, 박영효 등과 교류하였고, 1891년 진사과에 합격했다.

1898년부터 1902년까지 석재는 청국 상하이(上海)와 쑤저우(蘇州) 등을 여행했다. 그는 상하이 민영익의 대저택 '천심죽재(千尋竹齋)'에 머물렀다. 민비 가문의 핵심인 민영익(閔泳翊, 1860~1914)은 1884년 갑신정변 당시 구사일행으로 살아남아, 상하이은행(上海銀行)에 보관된 고종과 명성황후의 홍삼 판매 대금을 관리했다. 민영익은 시서화가로 묵란(난초)과 묵죽(대나무)을 잘 그렸는데 그의 '운미란(芸楣蘭)'은 당시 이하응의 '석파란(石坡蘭)'과 쌍벽을 이룰 정도로 명성이 높았다. 운미란은 붓의 끝이 뭉툭하고 난 잎이 곧은 특징을 가지고 있다. 석재는 민영익과 교유하면서 민영익의 난화(蘭畵) 기법도 배울 수 있었다. 석재는 천심죽재의 연회를 통해서 포화(蒲華: 1834~1911)를 비롯해 오창석(吳昌碩: 1844~1927), 서신주(徐新周: 1853~1925) 등 당대의 유명 서화가들과 문묵으로 교류할 수 있었다. 포화는 초서에 뛰어났는데 포화와 오창석은 대중적·현실적 표현 기법, 다양한 색채 사용, 서양화 기법 접목 등을 통해 대중의 공감을 불러일으키는 작품을 전개했다. 석재는 이런 서화가들과 교류하면서 묵죽(墨竹) 등의 사군자화에 영향을 받게 되었다.

1908년 7월 서병오는 신령군수(新寧郡守)로 임명되었으나 2달 후에 사직했다. 1908~1911년까지 다시 청국의 상하이 천심죽재를 거점으로 베이징, 웨이하이웨이(威海衛) 등을 여행했다. 그는 포화를 비롯해 손문(孫文; 1866~1925) 등을 만나 교류했다. 포화의 대나무 그림은 석재의 대나무 그림 '석재죽'의 근간이 될 정도로 큰 영향을 미쳤다.

석재는 당나라 왕유(王維)의 "시 속에 그림이 있고, 그림 속에 시가 있다(詩中有畵, 畵中有詩)"라는 시서화의 사상을 실현코자 했는데 그의 예술정신은 1923년 조직한 교남시서화연구회(嶠南詩書畵硏究會)를 중심으로 전국적으로 확산되었다.

석재와 교류한 기생은 염롱산(廉山)과 그 동생 비취(翡翠)를 비롯하여 권번 출신 기생 경란, 근영(槿英), 금계(錦溪), 지재(只在), 향전(香田), 추전(秋田), 남전(藍田), 이향(二香), 금심(琴心), 옥희(玉姬), 계란(桂蘭), 진옥(眞玉), 가패(可佩), 오홍월(吳虹月) 등이 있었다.[60]

8. 월송정과 겸재 정선

4월 27일 날씨가 맑았다. 이규원은 바람을 기다리기 위해서 구산포에 갔다가 7리가량 더 이동하여 월송진(越松鎭)에 들어갔다. 월송만호 윤희관[61]은 점심을 성대히 차렸다. 월송진 터(基)를 살펴보았는데 10리 길이의 모래사장[明沙十里]에 아름드리 소나무가 간간이 있었다. 옛날에는 소나무가 우거졌을 듯한데 지금은 남은 것이 많지 않았다. 건물은 거의 무너졌고 성루(城樓)는 그 형체만 남았다. 긴 해변에 한줄기 산기슭(山麓)이 구릉을 이루었고, 바다와 들의 경치가 장관이었다. 월송진 관청(鎭軒)의 현판(懸板)은 그 각운(刻韻)을 보니 숙종(肅宗)의 어제(御製) 월송정시(月松亭詩)가 다음과 같이 쓰여 있었다.

> 선랑(仙郞)의 옛 자취를 장차 어디에서 찾으리오. 만 그루 키 큰 소나무가 빽빽이 숲을 이루었도다. 두 눈 가득히 바람에 실린 모래가 흰 눈 날리듯 하네. 정자에 올라 한번 보니 흥을 감당키 어렵네.[62]

월송진은 경북 울진군 평해읍에 있던 수군기지였다. 『세종실록(世宗實錄)』「지리지(地理志)」에 따르면 "평해군은 고구려의 근을어(斤乙於)인데, 고려에서 평해군(平海郡)으로 고쳤다. 고려 충렬왕(忠烈王) 때에 토성(土姓)의 첨의평리(僉議評理) 황서(黃瑞)가 임금을 따라 원나라에 들어가서, 임금을 모시고 돌아온 공으로 인하여 지평해군사(知平海郡事)로 승격했다. 월송정(越松亭)은 군(郡)의 동쪽에 있다"라고 한다. 1395년 평해군은 강원도에 소속되었다. 1455년에는 군익도(軍翼道) 체제에 따라 강릉도를 설치하고 강릉은 중익(中翼)으로, 삼척 · 울진 · 평해는 우익(右翼)으로 편제되었다. 1457년 진관(鎭管) 체제로 바뀌었는데 삼척진(三陟鎭)이 설치되어 울진 · 평해 등을 관장했다. 1895년 8도제를 폐지하고 23부제를 시행하면서 평해군은 강릉부에 소속되었고, 1896년 23부제를 폐지하고 13도제를 시행하면서 강원도에 소속되었다. 1914년에 평해 지방은 울진군에 병합되었다.[63]

1419년 8월 1일 조선 정부는 월송만호를 별도로 임명했다. 숙종 때부터 고종 때까지 삼척영장과 월송만호는 2~3년을 번갈아가며 울릉도를 검찰하는 수토정책을 실시했다. 1865년 12월 3일 조선 정부는 월송만호를 해당 군영에서 추천하면 정식으로 임명할 것을 결정했고, 1888년 2월 6일 평해군 소속 월송진만호(越松鎭萬戶)는 울릉도 도장(島長)을 겸직하여 울릉도를 왕래하며 검찰(檢察)하도록 결정했다.[64]

서병오의 묵매도墨梅圖 (국립중앙박물관)

월송정은 관동팔경(關東八景)의 하나로, 당시의 월송정은 오래전에 무너져서 그 터만 남았다. 이규원은 출발할 때 술을 가지고 월송정 정자의 옛터에 올라 한잔 마셨다. 몇

리가량 더 가니 구산포에 다시 도착했다.[65]

조선시대 선비는 금강산과 관동팔경을 산수유람의 최고 여정지로 꼽았다. 그중 조선인의 버킷리스트는 단연 금강산이었다. 서울 거주자는 동대문→양주→철원→양주→포천→철원→내금강→외금강→고성 등을 거쳤는데 400리(160km)의 거리였고 1달 정도의 여정이었다.[66]

관동팔경과 금강산은 산수유람의 시문이나 화폭 속에 다채로운 형

19세기 월송정 그림(Brooklyn museum)

상으로 표출되었다. 조선시대 관동팔경은 대체로 평해 월송정, 울진 망양정(望洋亭), 삼척 죽서루(竹西樓), 강릉 경포대(鏡浦臺), 양양 낙산사(洛山寺), 고성 청간정(淸澗亭), 북한 고성 삼일포(三日浦)와 북한 통천 총석정(叢石亭) 등을 일컬었다.[67] 관동팔경은 대관령의 동쪽인 동해안을 따라 있는데 관동십경(關東十景)은 북한 해금강의 시중대(侍中臺)와 해산정(海山亭)을 포함시켰다.

이규원은 울릉도 수토를 위해서 가고 오는 길에 관동팔경 중 월송정, 망양정, 죽서루 등을 답사했다. 겸재 정선(鄭敾, 1676~1759)은 『관동명승첩(關東名勝帖)』에 월송정, 망양정, 죽서루 등을 그렸다. 『관동명승첩』은 금화 수태사(水泰寺) 동구(洞口), 평강 정자연(亭子淵), 금강산 총석정 · 삼일호(三日湖) · 천불암(千佛岩) · 시중대(侍中臺) · 해산정(海山亭), 고성 청간정, 죽서루, 망양정, 월송정 등 명승 11곳을 그린 화첩이다. 따라서 정선의 『관동명승첩』을 통해서 이규원이 기록으로 남긴 월송정, 망양정, 죽서루의 과거 모습을 그림으로 살펴볼 수 있다.

그중 월송정은 원래 조선시대 수군 병영인 월성포진(越松浦鎭)의 남문(南門)이었는데 강원도 평해 동쪽 7리 지점에 있었다. 1503~1505년 조선 연산군(燕山君) 때 강원도관찰사 박원종(朴元宗)은 월송정을 중건했다.[68] 『동국여지승람』에 따르면 "월송정은 고을 동쪽 7리에 있다. 푸른 소나무가 만 그루이고, 흰 모래는 눈 같다. 소나무 사이에는 개미도 다니지 못하며, 새들도 집을 짓지 못한다. 민간의 구전에 따르면 신라 때 신선 술랑(述郞) 등이 여기서 놀고 쉬었다"[69]라고 한다. 『대동지지(大東地志)』에 따르면 "월송정은 월송진에 있는데 푸른 솔이 만 그루나 있으며 모래가 10리나 깔렸다"[70]라고 하며, 『평해군지(平海郡誌)』에 따르면 "신라 때 화랑 영랑(永郞) · 술랑(述郞) · 남랑(南郞) · 안상랑(安詳郞) 등의 네 화랑이 달밤에 솔밭에서 놀았다고 하여 '월송정(月松亭)'이라 부른다. 또는 중국의 월(越)나라에서 소나무 묘목을 가져다 심었다고 하여 '월송정(越松亭)'이라고 한다"라고 한다. 숙종과 정조는 어제시(御製詩)를 내려 월송정의 비경을 찬미했다.[71]

원래의 월송정은 울진군 평해읍 월송리 302-3번지 일원에 위치하여 현재 월송정보다 450미터쯤 서남쪽에 있었는데 오래되어 없어진 것을 1980년 현 위치에 지었다. 정선의 월송정 그림은 현재 2점이 남아 있는데 그의 그림과 행적을 살펴보면 다음과 같았다.

첫 번째 그림인 『관동명승첩』 속 월송정을 살펴보면 월송정 앞으로는 넓은 백사장이 펼쳐지고 그 너머 좌측으로는 바다가 펼쳐진다. 이 바다는 예부터 큰 파도가 치기에 '고래 같은 파도가 친다'고 경파해(鯨波海)라 했다. 겸재의 소나무는 나란히 팔을 벌리고 서 있다. 나그네 양반은 나귀에 앉고 사동은 나귀를 끌고 간다.[72]

두 번째 그림인 겸재의 월송정 그림을 살펴보면 『관동명승첩』 속 월송정보다 시선이 훨씬 앞쪽으로 이동해 있다. 소나무 언덕은 역시나 나란히, 굴미봉은 더욱 우뚝하고 오르는 길도 뚜렷하다. 사람도 그려 넣어 살아 있는 그림이 되게 한다. 월송정으로 보이는 누각(樓閣)은 정면 3간(間), 측면 2간(間)으로, 누대(樓臺) 위에 의젓하고 성벽은 견고하다. 누각 아래로는 바다 방향에서 비스듬히 좌측(동북쪽)으로 방향을 틀고 앉은 출입문이 선명하다. 정선의 월송정은 해송 숲을 중심에 두고 울창하고 깊은 숲의 느낌을 살리기 위해 농묵과 담묵이 매우 잘 어우러지게 운염법(暈染法)으로 표현했다. 월송정의 석축과 석벽은 이곳이 군사적으로도 중요한 곳임을 짐작하게 한다. 정선의 그림은 소재를 크게 부각시켜 감상자의 시선을 한데 모으고, 월송정으로 가는 해송 숲을 전면 전체에 구성하여 화면 구성의 대담성이 돋보인다.[73]

정선의 월송정에는 이병연(李秉淵, 1671~1751)의 시가 담겼다. "모래밭 너머로는 큰 파도, 버드나무 밖은 연못, 미인의 노랫소리 돌아가는 말발길 잡네." 이병연은 시에 뛰어나 영조시대 최고의 시인으로 일컬어졌으며 겸재 정선과 아울러 '시화쌍벽(詩畫雙璧)'을 이룬다.[74]

그런데 서양인의 마음속에 자리 잡은 미의 원형이 인간의 신체였던 반면 우리 옛 그림에서 가장 존중하는 분야는 산수화였고, 그중에서도 중시되는 소재는 산, 물, 바위, 나무였다. 물은 '맑고 그칠 때 없는' 벗이요, 바위는 '변치 않는' 벗이고, 나무는 '눈서리를 모르는' 기개가 있으니 '땅속 깊이 뿌리가 곧은' 벗이다. 우리 옛 그림 속의 자연은 그저 단순한 객관적 자연이 아니었다. 그것은 항상 자연인 동시에 사람이었다.[75]

정선은 산수화로 관동팔경을 그릴 때 전통적인 구도를 변형하거나 소상팔경도(瀟湘八景圖)의 구도를 『관동명승첩』에 차용하여 새로운 구도와 모티프를 만들었다. 신라 사선(四仙, 永郞·述郞·南郞·安詳郞)이 노닐던 곳으로 켜켜이 쌓인 듯한 기이한 총석 위에 위치한 총석정, 호수 안의 섬을 관망할 수 있는 사선정이 있는 삼일포, 너른 사구호와 마주보는 경포대, 백사장과 소나무가 바다와 나란히 펼쳐지는 월송정, 오십천 절벽 위에 서 있는 죽서루, 바다와 만경대(萬景臺)를 한눈에 조망하는 청간정, 너른 바다가 펼쳐지는 망양정 등이 있었다.[76]

겸재 정선은 1734년 전후 청하현감(淸河縣監) 시절 사생 여행을 하며 여러 가지 새로운 화법을 만들었다. 60대 이후 그의 진경화법(眞景畫法)은 더욱 원숙한 단계로 발전했다. 겸재는 청하 시절에 동해안 일대를 비롯해 경상도 전역의 명승지를 탐방하여 『관동명승첩』을 그렸다.[77] 진경산수화는 실제 경치 가운데 시적 감흥을 불러일으키는 요소를 극적으로 과장해 집중적으로 그렸다.

정선은 주역을 깊이 공부하여 『도설경해(圖說經解)』라는 저서까지 남겼다. 정선이 음양의 원리에 깊이 들어가 있었음은 금강전도(金剛全圖)처럼 희고 날카로운 암산과 어둡고 부드러운 토산을 대비시킨 점에서 분명하게 확인된다. 인왕제색도(仁王霽色圖)의 경우에도 그 구도가 위는 무겁고 아래는 가벼운 모양이 되도록 상식을 뒤집어 조정하면서 형상과 여백이 서로 교묘하게 침투할 수 있도록 세부를 다룬 점에서 가늠할 수 있다. 주역에는 위아래 두 괘를 뒤바꿈으로써 심오한 사상의 깊이를 설명한 대목이 많다.[78]

정선 화풍의 가치는 조선소중화와 민족주의로 보는 시선으로 나뉘고 있다. 정선의 진경산수화풍는 실경산수화의 전통과 남종화법의 접목이라고 볼 수 있다. 정선 진경산수화의 연원은 조선성리학과 조선소중화주의의 산물로 보기보다는 정선 자신의 독자적 업적으로 보아야 한다. 실경산수화의 계승, 남종화풍의 수용, 지도 제작의 활성화, 자아의식의 팽배, 중국으로부터의 실경산수화와 판화와 화보의 전래도 일정 부분 영향을 미쳤다.

정선이 수용한 남종화풍은 수묵산수화(水墨山水畫)의 시조인 왕유(王維)부터 시작했는데 북송대의 미불(米芾, 1051~1107)과 미우인(米友仁, 1075~1151) 부자는 미법산수화(米法山水畫)를 기초했다. 남종학파는 원대(元代)의 사대가(四大家)인 황공망(黃公望) · 오진(吳鎭) · 예찬(倪瓚) · 왕몽(王蒙)으로 이어졌는데 그중 황공망(黃公望, 1269~1354)의 피마준법(披麻皴法)이 많이 활용된 화풍이었다. 정선이 남종산수화풍을 수용하고 참고한 것은 새로운 실경산수화로서의 진경산수화 창출에 무엇보다도 유용한 요인이었다고 볼 수 있다.[79]

미법산수는 측필을 수평으로 짧게 찍듯이 구사했을 때 생기는 크고 작은 타원형의 미점(米點)으로 산림이 울창한 부드러운 곡선의 여름산과 그 산허리를 휘감으며 짙게 드리워진 안개를 분위기 있게 표현하는 것이 특징이었다. 피마준법은 삼베나무 껍질을 물에 넣고 끓여 부드럽게 한 후 부드러워진 껍질을 적절한 위치에 배치하고, 그다음 붓을 45도 각도로 눕힌 상태에서 껍질의 형태를 따라 자연스러운 언덕과 구릉지대를 그릴 때 사용하는 방법이었다. 남종화파의 대표적 방식으로 피마준(披麻皴) 등의 산이나 바위 표면의 질감을 표현하는 기법인 준법(皴法)이 있었는데 그 밖에 용묵법(用墨法) 등이 조합되어 성립되었다.

정선은 기술직인 천문학겸교수(天文學兼敎授)로 관직에 진출했다. 그는 천문학겸교수로 재직하면서 서학과 서양화법에 대해 일정한 식견을 가지게 되었다. 또한 서학에 적극적인 관심과 연구를 수행하였던 소론계 인사들과 긴밀하게 교류했다. 소론계 인사들의 서학에 대한 관심과 기여는 회화 분야에서도 의미 있는 성과를 낳았다. 영의정 남구만(南九萬, 1629~1711)은 소론계 핵심인물로 새로운 형식과 기법을 구사한 「남구만화(南九萬像)」의 주인공이다. 중인(中人) 김광국(金光國, 1727~1797)은 베네치아 동판화인 피터 솅크(Pieter Schenck, 1660~1718)의 「슐타니에(Sultanie) 풍경」을 소장했다. 서양 동판화는 조선 후기에 이미 유통되었다.

정선은 사물과 경치를 사실적으로 묘사하기 위해서 지면(地面)에 반복적인 평행선을 그어 질감(質感)과 공간의 깊이를 구현하는 방식, 대기(大氣)에 대해 적극적으로 의식하여 원근에 따라 대기의 상태를 표현하는 대기원근법(大氣遠近法), 거리에 따라 인물과 수목과 건물의 규모를 변화시키는 원근법(遠近法), 일정한 시점을 구사하면서 깊이 있는 공간을 만들어 내는 선원근법(線遠近法)을 이용한 선투시도법(線透視圖法) 등 서양회화에서 유래된 기법을 적극적으로 활용했다. 또한 정선은 지면의 표현과 대기의 표현 등을 구체적인 작은 요소에서부터 파악하고 원근법과 투시도법 등을 전통적인 요소와 융합된 요소로 진전시켰다.[80]

정선은 3차원의 입체감과 음양의 조화를 추구한 회화적 조형미감을 완성했는데 이것은 평면적인 관념성만을 추구해 온 조선 회화에서 획기적인 사건이었다. 병자호란 이후 정선의 작품은 한국의 자연에 대한 심미의식이 발현한 것으로, 탈중국에서 비롯된 정체성 확립이라면, 그에게는 민족 의식에 대한 자각이 언제나 잠재했다고 볼 수 있다.[81]

9. 동해신제

4월 27일 밤 검찰사 일행은 마을의 수호신인 성황제(城隍祭)와 동해신제(東海神祭)를 지냈다. 이규원은 검찰사 수행원인 심의완(沈宜琬), 박기화(朴基華), 최용환(崔龍煥)에게 정성들여 제사를 지내도록 지시했다.

조선시대에 동해신(東海神)에게 제사를 올리는 유래는 다음과 같았다. 1414년 8월 21일 예조(禮曹)는 산천(山川)에 제사를 지내는 규정을 올렸는데 강원도의 동해신제는 국사 다음가는 '중사(中祀)'로 매우 중요한 제사였다. "조선시대 산악[嶽]·바다[海]·강[瀆]은 중사(中祀)로 삼고, 여러 산천은 소사(小祀)로 삼았다. 백두산(白頭山)은 모두 옛날 그대로 소재관(所在官)에서 스스로 실행했다."[82] 1437년 3월 13일 예조는 강원도 양양부(襄陽府)의 동해가 중사이고 사묘(祠廟)의 위판(位版)을 '동해지신(東海之神)'으로 쓰도록 지시했다.[83] 『세종실록』「지리지」에 따르면 동해 신사당(東海神祠堂)은 양양부의 동쪽에 있는데, 봄과 가을에 향축(香祝)을 내려 중사로 제사를 지냈다.[84]

1800년 4월 7일 강원도 암행어사 권준(權晙)은 강원도 지역의 민정을 시찰한 다음 동해신묘(東海神廟)의 상황에 대해서 다음과 같이 정조에게 보고했다.

권준에 따르면 동해신묘는 양양 낙산진(洛山津)에 있는데 이곳은 제향을 드리는 예법이 나라의 법전에 실려 있을 정도로 중시되었다. 최근 제관(祭官)은 전혀 정성을 드리지 않아 제물이 불결했는데 오가는 행상들은 복을 빌어 영락없는 음사(淫祠)로 변했다. 전 홍천현감(洪川縣

監) 최창적(崔昌迪)은 동해신묘에서 가까운 곳에 집을 지었는데 닭과 개의 오물이 그 주변에 널려 있고 마을의 밥 짓는 연기가 바로 곁에서 피어올랐다. 이것은 '신을 존경하되 멀리한다'는 뜻에 자못 어긋나는 것이었다. 최근 동해의 풍파가 험악해져 사람들이 간혹 많이 빠져 죽으며 잡히는 고기도 양이매우 적었다. 해변 지역 주민들은 신을 존경하지 않아서 생긴 일이라고 믿었다. 권준은 신명을 존경하고 제사 예법을 중시하는 도리로 볼 때 그대로 방치할 수 없다며 "첫째, 사당을 중수하여 정결하게 만들고 제향에 올리는 제물도 다 정성을 드린다. 둘째, 미신으로 믿어 기도하는 일을 일체 금지시킨다. 셋째, 사당 앞의 인가도 빨리 철거한다"라고 제안했다. 그러자 정조는 강원감사에게 "양양 낙산진 동해신묘를 보수한 뒤에 그 결과를 장계로 보고하라"라고 지시했다. 또한 정조는 권준이 직접 제물을 올려 양양 백성들이 옛날처럼 풍요를 누릴 수 있도록 제사할 것을 지시했다.[85]

1903년 3월 19일 장례원경(掌禮院卿) 김세기(金世基)가 오악(五嶽)·오진(五鎭)·사해(四海)·사독(四瀆)에 대한 제사를 실행할 것을 제안하자 고종이 승인했다. 사해 중 제사를 지낼 장소로 동해는 강원도 양양군, 남해는 전라남도 나주군(羅州郡), 서해는 황해도 풍천군(豐川郡), 북해는 함경북도(咸鏡北道) 경성군(鏡城郡)이었다.[86] 결국 조선은 강원도 양양에 '동해신묘'를 만들어서 동해신에 제사를 지낼 정도로 '동해'를 중시했다.

10. 울릉도로 출발, 그리고 거문도

4월 28일 해는 좋았지만 바람이 불지 않아 구산포에 머물렀다. 영리(營吏) 손영태(孫永泰)가 나왔다. 새로 부임한 역장(驛長)을 불러 전(錢) 3냥을 건넸고 구산동(邱山洞)에는 좁쌀 2석(石)을 주었고 평해 여종(婢子) 등에게 좁쌀 1석(石)을 내렸다.

울릉도에 들어갈 3척의 선박 중 상선(上船)은 간성(杆城) 배인데 사공(沙工)은 박춘달(朴春達)이었다. 종선(從船)은 강릉과 양양 총 2척이었다. 배에서 고사를 지내도록 송아지 1마리를 내리고, 평해군 사공에게는 쌀 1석(石)을 내렸다. 상선에는 사공과 격수(格手) 17명, 포수(砲手) 6명, 취수(吹手) 2명, 석수(石手) 1명, 도척(刀尺) 1명, 영리(營吏) 1명, 서울에서 내려온 10명 등이 승선했다. 2척의 종선에는 사공, 격군(格軍), 포군(砲軍), 노군(櫓軍)이 탔다. 모두 순풍(順風)을 고대(苦待)했다. 원평해(元平海), 유생원(柳生員), 정서방(鄭書房) 등이 송별하러 내려왔다. 이날 동영(東營)에 관문(關文) 1건과 서간(書簡) 1건을 부쳤다.

4월 29일 날씨가 맑고 바람이 불었다. 오전 10시경(巳時量) 장계와 등보(謄報)를 급하게 보냄과 동시에 3척의 배를 출항시켰다. 3척은 바다 가운데 이르렀는데 바람이 약해지고 역류가 흘러 잘 나가지 못했다. 석양에 동풍이 조금 일었다. 밤새도록 배를 몰았는데, 바다색이 하늘과 접하여 사방에 한 점의 산도 보이지 않았다. 3척은 회오리바람으로 동해[大海]에서 낙엽처럼 떠돌았는데 이때 믿을 것은 오직 왕명(王命) 하나였다.

한밤에는 안개로 방향을 잃고 파도가 솟구쳐서 배의 앞 돛이 흔들려 배 안의 사람은 놀라서 바삐 움직였다. 밤새 망망대해로 어디로 향하는지 알 수 없었다. 아침에 바람이 동북동(東北東)으로 향하다가 동동북(東東北)으로 방향을 바꾸었다. 정오 무렵 멀리 울릉도의 형상이 보였다. 곧바로 동북북(東北北)의 순풍을 받아서 화살같이 별같이 빨리 달릴 수 있었다.

4월 30일 날씨가 맑았는데 오후 6시쯤 3척의 배는 함께 울릉도 서쪽 해변에 정박했다. 이곳은 소황토구미(小黃土邱尾 학포동)였는데 전라도 흥양(興陽)의 삼도(三島)에 거주하는 김재근(金載謹)은 격졸(格卒) 13명을 인솔하여 배를 만들고 해초를 따기 위해 움막에 머무르고 있었다.

흥양의 삼도는 현재 고흥의 거문도로 불린다. 거문도는 러일전쟁 전후 해저케이블이 설치될 정도로 남해의 요충지였다.[87] 조선시대 전라도 흥양인은 선박 제조와 어업 활동 등을 위해서 배를 타고 울릉도에 몰래 들어갔다. 1803년 5월 22일 강원감사 신헌조(申獻朝)의 장계에 따르면 호남의 흥양(興陽), 장흥(長興), 순천(順天) 등의 사선(私船) 12척은 울릉도에 몰래 들어가서 1달이 넘도록 체류했다. 월송만호 박수빈(朴守彬)은 울릉도를 수토하면서 흥양인 등을 체포했지만 뇌물을 받고 풀어 주었다.[88]

1807년 5월 12일 강원감사 김이교(金履喬)의 장계에 따르면 월송만호 이태근(李泰根)은 1807년 4월 총 72명의 인원을 4척의 배에 태우고 울릉도를 수토했다. 이태근은 흥양, 장흥, 순천 등의 사선 14척이 울릉도에 들어와서 금지된 산물(禁物)을 채취하는 것을 발견했다. 김이교는 울릉도에 몰래 들어온 흥양의 선주 김번금(金番金) 등을 처벌할 것을 의정부에 요청했다.[89] 그 후 흥양현감(興陽縣監) 이계(李晵)는 흥양현 소속 도민(島民) 5명이 금지(禁地)에 몰래 들어갔다가 강원도에서 수검(搜檢)할 때 현장에서 붙잡혔다고 밝혔다.[90] 1807년 8월 3일 강원감사 김이교는 울릉도 수토에 대해서 "한 해씩 걸러서 수색하는 것은 변방의 정사에 관계되는 일인데 그곳의 출입을 금지하는 법의 취지가 중요하다"라고 보고했다. 김이교는 흥양, 장흥, 순천 등의 사선 14척이 울릉도에 몰래 들어가 1달이 넘도록 머무르며 물고기와 미역을 채취했다고 보고하면서 관련자를 처벌할 것을 주장했다.[91]

거문도 출신자인 '흥양인(興陽人)'은 검찰사 이규원의 활동 전후로 울릉도에서 선박제도와 어업활동에 활발히 종사했다. 오성일(吳性鎰)은 1854년 거문도 서도리(西島里) 장촌(長村) 마을에서 태어났는데 1890년 울릉도 도감에 임명되었다.[92] 거문도 출신자는 울릉도에 지속적으로 도항했는데 흥양인의 생활방식과 건축양식은 울릉도 현지 환경에 맞게 토착화되었다. 흥양인의 민가는 울릉도 민가에서 독특하게 나타나는 우데기(2중 외피구조)와 이로 인해 형성된 반 내부적 공간(축담)의 모체가 되었다.[93]

1900년 전후에도 거문도 출신 뱃사람들은 물물교역에 종사하여 의주와 진남포에서 곡식을 실어다 울진과 원산에서 팔았다. 그들은 원산에서 명태를 구매하기도 했는데 중간 기착지로 울릉도에 도착하여 새로 배를 제작하고 거문도로 돌아올 수 있었다. 그들은 울릉도에서 규목을 잘라 배를 만들었고 집을 짓기 위해 나무뗏목을 만들었다. 독도에서 가제(강치)를 잡아서 갓신과 담배쌈지를 만들었고 기름을 짜서 불을 켰다. 그들은 울릉도와 독도에서 미역과 전복을 채취했다.[94]

1962년 3월 거문도 출신 어부 김윤삼(金允三)은 당시 87세로 거문도 서도리에 거주했는데 울릉도에서의 선박제조 및 독도에서의 어업활동을 증언했다. 김윤삼에 따르면 그는 1895년 여름 무역선을 타고 원산을 거쳐 울릉도에 도착했고, 울릉도에서 나무를 베어 배를 제작하는 데 참여했다. 그는 날이 맑을 때 울릉도에서 보이는 '돌섬(독도)'을 발견했는데 김윤삼을 포함한 수십 명은 배를 타고 이틀 만에 '돌섬(독도)'에 도착했다. 그들은 독도에서 10일 정도 체류하면서 가제를 포획하고 바위에서 미역과 전복을 채취했다.[95]

2017년 현재 전라남도 고흥 앞바다에는 206개의 무인도가 있는데, 독섬·석도(石島)·독도(獨島) 등의 지명으로 불리는 섬이 있다.[96] 독섬·석도·독도는 원래 '돌섬'이라는 의미를 갖고 있었는데 1900년 대한제국칙령 제41호에 나오는 석도(石島)가 바로 독도(獨島)였다.

11. 성하신당과 안무사 김인우

5월 1일 풍파가 일었다. 뱃사람은 3척의 배를 매어 놓은 닻줄이 끊어지려 하여 매우 놀랐다. 놀라서 움막 밖으로 나갔다. 김재근 등이 가지고 있던 밧줄을 받아서 배를 묶어 위기를 모면했다. 울릉도 신당(神堂)에 고사를 지내고 산제(山祭)도 수행했다. 움막의 뱃사람 6명이 찾아와 저녁을 나누어 주었다. 이날 바다에서 구름이 사방으로 일어났고 풍랑이 거세었다. 울릉도에서 느끼는 감회가 갑절로 처연했다.[97]

이규원이 고사를 지낸 신당은 바로 성하신당(聖霞神堂)으로 그 유래는 다음과 같다.

1416년 가을 안무사(按撫使) 김인우는 울릉도 거주민의 쇄환(刷還)을 위하여 병선 2척을 이끌고 태하동에 도착했다. 김인우는 순찰을 마친 마지막 날 취침 중 기이한 꿈을 꾸었다. 해신(海神)이 나타나 일행 중 남녀 2명(童男童女)을 울릉도에 남겨두고 가라는 계시였다. 다음 날 출항할 것을 결심하고 아침을 기다리는 중 풍파가 돌발하여 출발을 중지시켰다. 그러나 바람은 멎을 기세 없이 점점 심해졌다. 김인우는 문득 전날 꿈이 생각나 동남동녀 2명에게 일행이 유숙하던 곳에 필묵을 잊고 왔으니 찾아올 것을 명령했다. 아무것도 모르는 둘이 수풀 사이로 사라지자 그렇게 심하던 풍랑이 멎고 항해에 적당한 바람이 불어왔다. 안무사는 일행을 재촉하여 급히 출항할 것을 명령하니 배는 순풍을 받고 일시에 포구를 멀리하게 되었다.

1425년 김인우는 울릉도 안무(按撫)의 명령을 받고 태하동에 착륙하여 수색하였는데 예전에 유숙하던 그 자리에 두 동남동녀가 꼭 껴안은 형상의 백골이 남아있었다. 그래서 혼령을 달래고 애도하고자 그곳에 간단한 신당을 지어 제사를 지내고 돌아왔다. 그 후 매년 음력 2월 28일에 그곳에서 정기적으로 제사를 지내며 농작이나 어업의 풍년도 소원하고 위험한 해상작업의 안전도 빌었다.[98]

『조선왕조실록』에도 김인우에 대한 기록이 있다. 1416년 9월 2일 태종은 삼척인 전(前) 만호(萬戶) 김인우를 울릉도(武陵等處) 안무사로 삼았다. 태종은 병선 2척, 초공(抄工) 2명, 인해(引海) 2명, 화약(火藥)과 양식을 김인우에게 주었는데 울릉도에 가서 그 두목(頭目) 등을 데려오도록 명령했다.[99]

1416년 가을 김인우는 울릉도의 거주민을 쇄환했고, 1417년 2월 5일 우산도(于山島)에서 돌아와 토산물(土産物)인 대죽(大竹)·수우피(水牛皮)·생저(生苧)·면자(綿子)·검박목(檢樸木) 등을 바쳤다. 그는 울릉도 거주민 3명을 데리고 왔는데, 울릉도의 호수[戶]는 15요, 구(口)는 남녀를 합하여 86명이었다. 김인우가 울릉도에서 돌아올 당시 두 번이나 태풍(颱風)을 만나서 겨우 살아 돌아올 수 있었다.[100]

1425년 8월 8일 세종은 전 판장기현사(判長鬐縣事) 김인우를 우산도·무릉도 등지의 안무사로 임명했다. 원래 강원도 평해 고을 사람 김을지(金乙之), 이만(李萬), 김울금[金亐乙金] 등이 울릉도에 도망가 살았는데 김인우는 1416년(병신년)에 이들 울릉도 거주민을 데리고 나왔다. 그 후 김을지 등 남녀 28명이 다시 울릉도로 도망가서 살고 있던 중 1425년 5월 김을지 등 7인이 아내와 자식은 울릉도에 두고 작은 배를 타고 몰래 평해군 구미포(仇彌浦)에 왔다가 발각되었다. 그러자 김인우는 군인 50명을 거느리고 배에 3개월 양식을 갖춘 다음 울릉도로 가서 쇄환정책을 실행했다.[101]

1425년 10월 20일 우산·무릉등처(于山·茂陵等處) 안무사 김인우는 울릉도로 도망간 남녀 20인을 수색해 잡아와 복명(復命)했다. 그는 병선(兵船) 2척을 거느리고 울릉도에 들어갔는데 선군(船軍) 46명이 탄 배 1척이 바람을 만나 행방불명되었다.[102]

김인우 파견 이후 조선 정부는 울릉도에 대한 이주정책과 쇄출(刷出) 정책을 둘러싸고 논쟁을 벌였다. 김인우는 기본적으로 "울릉도가 멀리 바다 가운데에 있는데 군역(軍役)을 피해 도망하는 장소"라고 주장했다. 그는 "울릉도에 거주자가 많으면 왜적이 반드시 울릉도에 들어와 도둑질하면서 강원도를 침범할 것"이라고 생각했다.[103] 태종은 1417년

성하신당 (울릉군청)

2월 8일 "울릉도에 거주하는 사람들이 일찍이 요역(徭役)을 피하여 편안히 살아왔는데 쇄출하는 계책이 옳다"라고 결정했다.[104] 결국 조선 정부는 김인우의 울릉도 파견 이후 울릉도에 거주하지 못하게 하는 쇄출정책을 실행했다.

제3장 울릉도의 검찰 여정

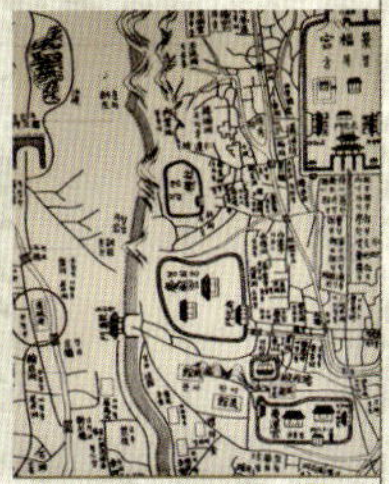

1. 검찰사 수행원의 구성과 울릉도 육로 탐사

1) 검찰사 수행원 구성

이규원은 1882년 4월 29일 오전(辰時-巳時) 상선으로 간성 배 1척과 종선으로 강릉과 양양의 배 2척으로 구산포에서 울릉도로 출발했다. 4월 30일 울릉도에 도착한 후 5월 2일부터 5월 10일까지 본격적으로 울릉도를 탐사했다.

이규원과 함께 울릉도 검찰을 수행한 주요 인물은 중추원부사(中樞府都事) 심의완(沈宜琬), 군관 출신(軍官出身) 서상학(徐相鶴), 전수문장(前守門將) 고종팔(高宗八), 차비대령화원(差備待令畵員) 유연호(劉淵祜), 영리(營吏) 장병규(張秉奎), 영리(營吏) 손영태(孫永泰), 영리(營吏) 이두선(李斗善) 등이었다. 그중 장병규는 울진에서 출항할 때 계본을 작성했고, 손영태는 평해로 돌아와서 계본을 작성했으며, 이두선은 평창에서 별단을 작성했다.

울릉도 검찰 과정에서 이규원을 그림자처럼 수행한 인물은 심의완(沈宜琬, 1842~1886)이었다. 이규원이 가장 신뢰한 인물로 단신으로 이동할 경우 심의완만 수행하도록 했다. 1884년 10월 이규원이 기연해방사무(畿沿·海防事務) 총관(總管)으로 재임할 때 심의완은 1884년 11월 강화판관으로 임명되었다. 즉 이규원이 경기도 연안 지역 총사령관일 때 심의완은 강화군수였다. 그 인연으로 심의완은 1885년 3월부터 1886년 1월까지 평해군수 겸 울릉도첨사를 역임했다.[1] 그랬던 심의완은 평해군수 임무를 1년도 채우지 못하고 사망했다.

울릉도 검찰을 수행한 총인원은 주요 인물 및 관속과 사공 등 82명, 포수 20명 등이었다. 이규원은 사격(沙格, 사공과 격수) 17명, 포수 6명, 취수 2명, 석수 1명, 도척 1명, 영리 1명과 서울에서 내려온 10명을 상선에 탑승시켰고, 사군, 포군, 노군 등은 종선(從船) 2척에 탑승하게 했다.[2]

장수는 형세를 만들어 가며 사람을 책망하지 않는다. 사람을 잘 선발하여 형세를 만들어 갈 뿐이다. 이규원은 자신과 뜻이 맞는 장수들과 끝까지 함께 하려고 노력했던 것으로 보인다.

2) 울릉도 항해 과정

이규원은 1882년 4월 29일 구산포에서 울릉도까지의 항해 과정을 상세히 기록했다. 그는 10시경(巳時量) 장계와 등보를 모두 급히 보고하고 3척의 배를 함께 출발시켰는데, 동해에서 거친 바람과 파도 때문에 고생한 상황을 생생하게 기록했다.

바다 가운데 이르렀는데 바람이 약해지고 역류가 흘러 배가 잘 나가지 못했다. 석양에 동풍이 조금 일었다. 밤새도록 배를 몰았는데, 바다색이 하늘과 접하여 사방에 한 점의 산도 보이지 않고 회오리바람에 3척의 배가 대해에서 낙엽처럼 떠돌았다. 한밤에는 안개로 방향을 잃고 파도가 솟구쳐서 배의 앞 돛이 흔들려 배 안의 사람들이 놀라 움직였다. 밤이 지나도록 망망대해에서 향하는 곳을 도무지 모르겠다. 이내 바람을 따라 동쪽으로 향했다.

이규원은 1882년 4월 30일 정오 무렵 멀리서 울릉도 모습을 볼 수 있었고, 상선은 곧바로 동북북으로 향하여 순풍을 받아서 화살같이 빨리 달릴 수 있었다.[3]

이규원은 1882년 4월 30일 저녁(酉時, 오후 6시경)에 울릉도 서쪽 소황토구미(학포)에 도착했는데 그 상황을 다음과 같이 기록했다.[4]

사흘 낮과 밤을 물길로 왔으니 대략 1,600~1,700리는 될 듯했다. 밤중에 풍랑이 갑자기 일어 배가 심하게 흔들렸기 때문에 배에 남아 있던 일행도 모두 상륙하려고 소동이 일어났다. 이튿날 새벽 포구를 살펴보니 남쪽을 향한 서쪽으로 좌우의 돌산이 해변으로 약간 돌출해 있었다. 배 몇 척을 겨우 정박시킬 만한데, 만약 서풍이 크게 일면 배가 반드시 손상될 형세였다.[5]

3) 태하부터 나리동까지 탐사

이규원은 5월 2일 아침 산을 올라 대황토구미(大黃土邱尾, 현재 태하)에 도착한 후 본격적으로 울릉도를 조사했다.[6] 먼저 아침에 산제(山祭)를 지내고 서북쪽 곡태령(谷太嶺)을 넘어 대황토구미에 이르렀다.

이규원에 따르면 노변에는 넓은 돌로 덮개를 씌우고 덮개의 전후좌우를 작은 돌로 받치고 있는 것이 있었는데, 이곳은 옛날 석장(石葬)을 했던 장소였다. 이날 지나온 험한 산길은 거의 30리 정도였다. 고개가 아주 높아서 올라갈 땐 얼굴이 부딪치고 내려갈 땐 뒷머리가 부딪힐 정도였다. 이규원은 수목이 하늘을 가려서 길이 가는 실처럼 보였고, 해가 저물고 산바람이 점점 축축해지자 초막에서 묵었다.[7]

이규원은 5월 3일 걸어서 흑작지(黑斫支, 현재 현포)에 도착하여 창우암(倡優岩)과 촉대암(燭臺岩)을 발견했고, 배를 타고 천년포(千年浦, 현재 현포와 천부 사이)에서 추봉(錐峯)을 발견하고 왜선창포(倭船艙浦, 현재 천부)에 도착했다.

> 3일 산신당에 제사를 지낸 후 고개를 넘고 숲을 뚫으면서 흑작지에 도착했다. 갯가에 내려 작은 배를 타고 노를 저어 전진하니 창우암이 있었다. 창우암은 높이가 수천 척이고, 꼭대기에는 위아래로 크고 작은 구멍이 있고, 그 곁에는 나란히 높이가 수천 길이인 촉대암이 있었다. 배를 타고 가서 천년포에 도달해 추봉을 목격했다. 추봉은 하늘 높이 솟아 높이가 수천 길이고 형상이 송곳과 같았다. 추봉 아래 큰 구멍이 뚫려 모양이 성문 같은 큰 바위 하나가 있었는데, 그 아래로 작은 시내가 흘러내렸다. 대한(大旱)에도 마르지 않아 나리동(羅里洞)에서 지하로 흐르는 물이 뿜어 나오는 곳이었다.

이규원은 5월 3일 걸어서 다시 나리동에 도착했다. 이규원에 따르면 천년포를 거쳐 왜선창포에 도착한 다음, 제일 아래에 고개 하나가 있으니 이름이 홍문가(紅門街)였다.

> 3일 이 고개를 넘어 들어가니 울릉도의 중심인 나리동이었다. 나리동은 오방(午方)을 향하여 형국이 열려 있고 수목이 하늘로 높이 솟았고 바라보니 평탄한 지형이었다. 길이는 10리가 넘고 너비는 8~9리나 되고 여러 산봉우리로 둘러싸여 첩첩이 서 있는 봉우리는 천연의 성곽을 이루었다.[8]

나리동은 정남쪽으로 펼쳐져 있고, 아름드리 나무가 하늘을 덮고 해를 가려 끝이 보이지 않았다. 땅은 평탄한데 길이가 10리, 너비가 10리, 둘레가 거의 40리 정도였다.[9]

4) 성인봉에서의 이규원

이규원은 1882년 5월 4일 성인봉(聖人峰)을 거쳐 저포(苧浦, 현재 저동)에 도착하는 과정을 상세히 기록했다. 이규원에 따르면 4일 산신당에 기도를 올린 후 등나무와 칡넝쿨을 잡고 동변(東邊) 최고봉인 성인봉에 올랐다.

「계초본(啓草本)」에 따르면 이규원은 "사면을 바라보니 바다와 하늘이 아득하여, 다른 한 점의 섬도 없고 다만 열넷의 봉우리만이 우뚝 솟아 나리동을 둘러싸고 있는데, 과연 하늘이 감추어 둔 별천지였다"라며 성인봉 주변을 기록했다. 이규원은 산등성이 작은 길을 따라 내려오니 돌길이 중단되고 발을 디딜 곳이 없어서 엎드려 서로 이끌면서 여러 가지 줄을 잡으면서 저포에 도착할 수 있었다.[10]

『울릉도검찰일기(鬱陵島檢察日記)』에 따르면 이규원은 "꼭대기에 올라가서 사방을 바라보니 바다에는 한 점의 섬도 보이지 않았다. '산꼭대기는 해에 비켜 접하고 높은 봉우리는 반쯤 하늘을 향해 있다'라는 시구는 바로 이것이다"라고 성인봉의 상황을 기록했다.[11]

이규원은 5월 9일 바다의 풍경에 대해서는 "바다구름이 엷게 덮이고 산바람이 축축했다"라고 묘사했는데, 이규원이 방문한 시기가 바다안개, 즉 해무(海霧)가 많은 시기였기 때문이다. 이것은 독도를 관측하기 어려운 시기에 이규원이 울릉도를 방문했다는 사실을 알려 준다.[12]

결국 이규원은 1882년 5월 4일 「계초본」과 『울릉도검찰일기』에 맑은 날 성인봉 주변의 사면을 둘러보았지만 바다와 하늘이 아득할 뿐 한 점의 섬도 발견하지 못했다고 기록했다. 이것은 이규원 자신이 직접 독도를 목격하지 못하자, 처음 고종에게 답변한 내용을 강조하기 위해서 의도적으로 기술한 것으로 보인다.

기존 연구는 이규원이 독도를 발견하지 못했다는 점에 주목했다. 하지만 여기서 주목할 점은 이규원이 울릉도 주변 독도를 찾아보려고 노력했다는 사실이다. 고종은 1882년 4월 7일에 "송죽도와 우산도는 울릉도의 옆에 있다, 송도와 죽도라고도 칭하여 우산도와 함께 이 3섬을 울릉도라고 통칭한다"라고 이규원을 압박했다. 이에 이규원은 울릉도 주변에서 2~3개의 섬을 찾아야만 했다.[13] 그는 울릉도 정상 성인봉에서 주변을 살펴보면서 독도를 발견하려고 시도했지만 찾지 못했을 뿐이다. 여기서 이규원의 독도에 대한 인식을 고려하면서 이규원이 독도를 발견하려는 행동을 주목해야 한다.

5) 사동부터 학포까지 탐사

이규원은 1882년 5월 6일 장작지포(長斫之浦, 현재 사동)에서 통구미포(桶邱尾浦, 현재 통구미)로 가는 길의 험난한 상황을 묘사했다. 그는 6일 날씨가 맑았지만, 이른 아침에 가는 비와 바다 안개를 만났다. 또 아침을 먹고 큰 고개를 넘었는데 수목이 우거지고 낙엽이 쌓여 무릎까지 빠졌고, 수풀 속을 헤쳐 나가야 했다.

이규원에 따르면 중봉(中峯)에 이르렀을 때 길이 끊겨 형체도 보이지 않았다. 대숲속으로 들어가 나아갈 수도, 물러날 수도 없는 상황이었는데, 눈 먼 뱀이 갈대밭에 들어간 꼴이었다. 간신히 숲을 나와서 나무를 붙잡고 더듬거리며 천천히 내려가니 통구미산 기슭에 도착했다.[14]

이규원은 5월 7~8일 곡포(谷浦, 현재 남양)를 거쳐 소황토구미에 도착하는 과정을 기록했다.

이규원에 따르면 7일 서쪽으로 향하여 세 고개를 넘고 세 냇물을 건너서 점점 깊은 골짜기로 들어가니 지명은 곡포였다. 산길이 험난하고 햇빛이 저물어서 암혈 사이에서 노숙했다.[15]

바위 사이의 작은 길을 따라갔고, 고개를 넘고 개울을 건너 30리를 가서 소황토구미에 도착했다. 그는 석수를 시켜 섬 이름을 석벽 위에 새기게 하고 날이 이미 저물어 초막에서 유숙했다.[16] 이규원은 석벽에 "울릉도(蔚陵島) 검찰사(檢察使) 이규원, 임오(壬午) 5월(月), 고종팔(高宗八)"이라는 각석문을 남겼는데, 지금도 학포에 가면 석벽에 새겨진 그 각석문을 확인할 수 있다.

2. 울릉도 해안 탐사와 부속 섬

이규원은 울릉도 육로 탐사를 마치고 해안 탐사를 실행했다.

5월 9일 배를 타고 향목구미(香木邱尾)→대황토구미(大黃土邱尾, 태하)→대풍구미(待風邱尾)→흑작지(黑斫支, 현포)→왜선창(倭船艙, 천부)→선판구미(船板邱尾, 선창)→도항(島項, 관음도)→죽도(竹島, 죽서도, 대섬)를 시찰했다. 이규원은 천부(倭船艙)부터 선창(船板邱尾)까지 가는 길에 죽암(竹岩), 형제암(兄弟岩), 촉대암(燭臺岩)을 발견했다.

이규원에 따르면 9일 작은 배를 타고 서쪽으로 10여 리를 가서 향목구미에 이르렀는데, 가파른 형형색색의 석벽을 목격했다. 배는 천천히 대황토구미→대풍구미→흑작지→왜선창 등의 포구를 지났다. 산봉의 형태는 마늘모와 같았고, 큰 바위가 우뚝 솟아 하늘을 찌르는 듯하고 폭포가 층층으로 바다에 떨어지는 모양이었다. 한 뿌리에 두 머리인 바위가 수백 길로 기립(起立)하여 있는 모양이 특이하였고, 형제암이 짝을 이루어 서서 서로 바라보고, 촉대암이 둥근 형체로 깎여서 튀어나왔다.

이규원은 선판구미에서 남변(南邊) 바다 가운데 대나무가 무더기로 있는 작은 섬을 목격했다. 모양이 누워 있는 소와 같으며 좌우로 돌면서 서로 안을 듯한 형태인데, 하나는 죽도(竹島, 대섬)이고, 또 하나는 도항(島項, 관음도)이었다. 이규원은 해가 저물어 육지에 내려 대나무가 있는 바위 아래에 막을 치고 숙박했다.[17]

이규원은 5월 10일 배를 타고 도방청(道方廳)→장작지(長斫支)→통

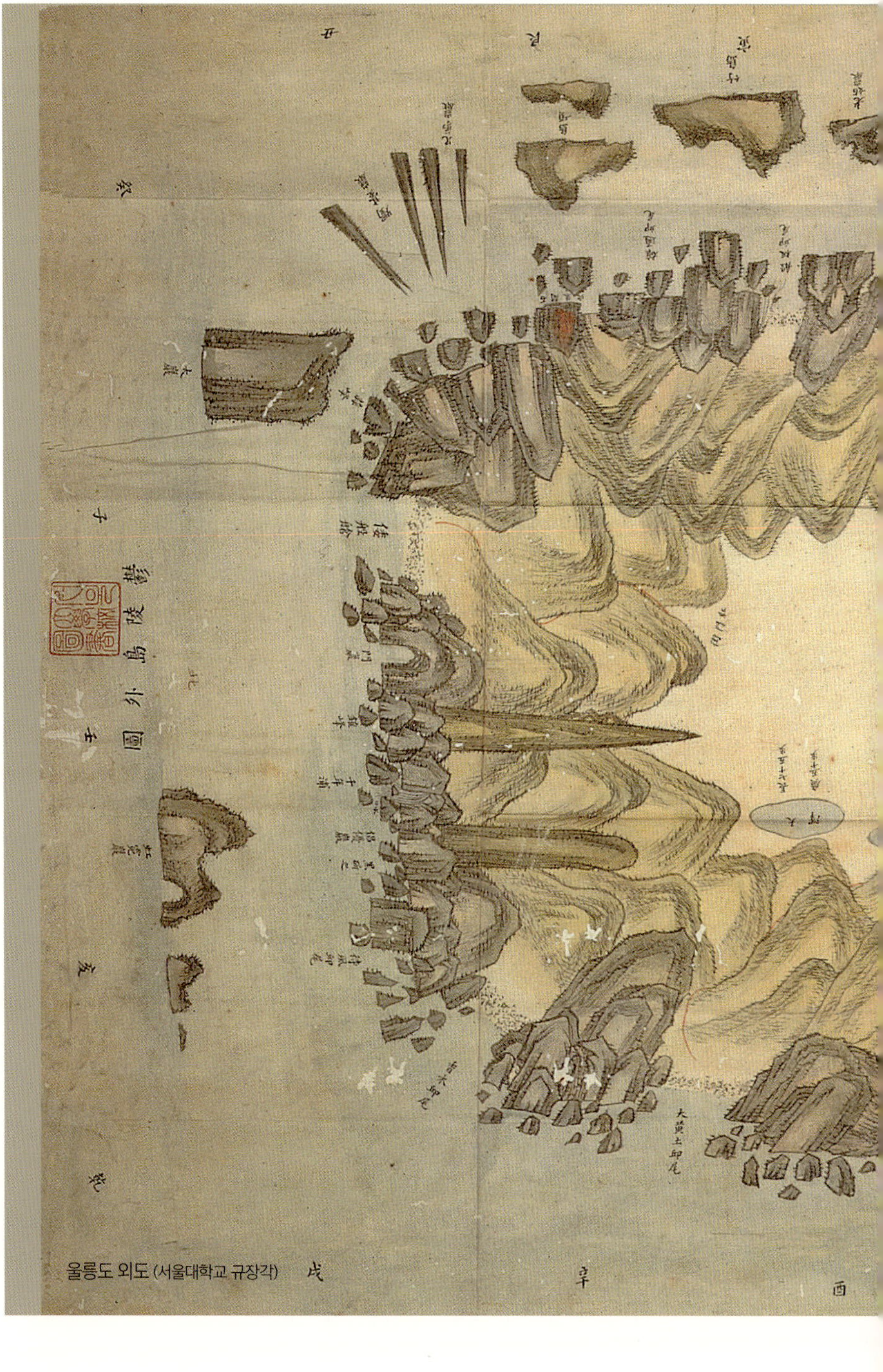

울릉도 외도 (서울대학교 규장각)

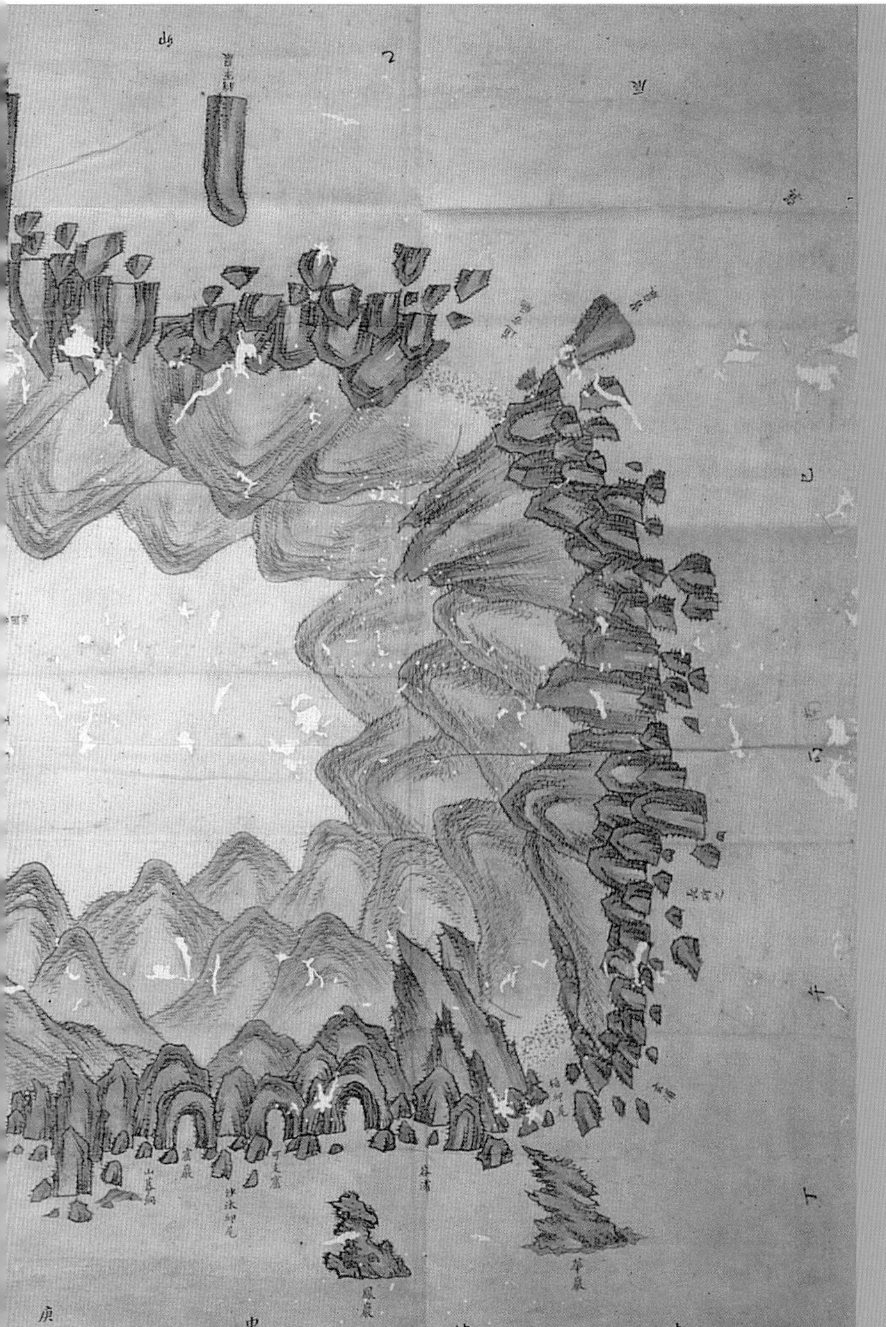

庚
申
坤
未

구미(桶邱尾)→흑포(黑浦)→사태구미(沙汰邱尾)→산막동(山幕洞)를 거쳐 지나는데, 갑자기 풍랑이 일어서 소황토구미에 도착하여 숙박했다.[18]

그런데 해안 탐사 과정에서 이규원은 강치를 목격했다. "장작지 바다 가운데 몇 장쯤 되는 조그만 바위가 하나 있었는데 마침 가지어(可支魚) 한 마리가 그 위에 누워 있고 갈매기들이 놀래 날아들면서 쪼려 하니 또한 기이한 광경이었다."[19]

이규원은 육로와 해안 탐사를 마치고 울진으로 돌아가려고 준비했다.

5월 11일 산신에게 기도하는 도중 동풍이 불기 시작하였고, 12일 아침(辰時, 9시경)에 3척의 선박에 모두 돛대를 달도록 명령하여 울릉도를 출발했다.[20] 이규원 검찰사 일행은 5월 13일 저녁(亥時, 10시경)쯤 울진 쪽을 향하였는데 풍랑이 크게 일어 정박할 수 없자 노를 저어 제어하면서 평해 구산포로 정박하고 육지에 내렸다.[21]

이규원이 발견한 울릉도 주변의 암초, 봉우리, 부속 섬의 이름을 정리하면 다음과 같다.

5월 3일	흑작지에서 창우암과 촉대암
	천년포에서 추봉
	나리동에서 성인봉
5월 5일	도방청포와 장작지포에 도착
5월 6일	장작지포부터 통구미포 사이에서 중봉
5월 9일	왜선창부터 선판구미 사이에서 죽암, 형제암, 촉대암
	선판구미에서 도항(島項)과 죽도(竹島)[22]

이규원의 지도(地圖)인 「울릉도외도(鬱陵島外圖)」를 살펴보면 울릉도 북쪽 부속 섬은 홍예암(虹霓巖), 대암(大巖), 촉대암, 형제암, 울릉도 동쪽 부속 섬은 도항(島項, 관음도), 죽도(竹島, 대섬), 노고암(老姑巖), 장군암(將軍巖) 등이 있었다. 『울릉도검찰일기』와 「울릉도외도」에서 촉대암과 형제암은 일치한다. 그런데 1940년 발간된 『한국근대도지(韓國近代道誌)』에 따르면 죽암은 천부의 북쪽이라고 기록되었다. 그렇다면 『울릉도검찰일기』의 '죽암'은 '대암'과 위치가 일치하여 같은 섬일 가능성이 높다. 그런데 울릉도 북쪽의 '홍예암'은 「울릉도외도」에만 나와 있다. 현재 울릉도 지도는 북쪽에 공암(孔岩, 코끼리바위)이 있고, 1940년 『한국근대도지』에도 공암이 있다고 기록되었다. 추봉과 공암의 위치를 고려하면 '홍예암'은 '공암'이 틀림없다.

3. 검찰사 이규원의 일본인 심문

1) 이규원의 보고서

이규원은 1882년 5월 5일 도방청포와 장작지포에 도착했다.[23] 도방청포에서 길이 7파(把)와 넓이 3파(把, 1把=1.561m)인 일본 소선(小船)을 목격했다. 이규원은 도방청포에서 일본인 6~7명을 발견하였는데, 동래통사(東萊通辭)를 데려오지 못해서 글을 써서 일본인과 문답으로 대화했다. 이규원은 조선이 수토관을 정기적으로 울릉도에 파견하였고, 조선이 울릉도에서 일본인의 불법 벌목 금지를 요청하는 외교문서를 일본 외무성에 전달했다는 사실을 일본인에게 강조했다.

이규원이 "언제 이 섬에 들어왔으며, 무슨 일로 막을 치고 살고 있느냐?"라고 묻자 일본인은 "동해도(東海道), 남해도(南海道), 산양도(山陽道) 등의 일본인으로, 2년 전부터 벌목을 시작하여 금년 4월에 다시 이곳에 와서 벌목을 하고 있습니다"라고 답변했다.

이규원이 벌목한 나무를 어디에 사용했는지 추궁하면서, "작년에 수토관(搜討官)이 울릉도에 들어왔을 때 일본인이 벌목하고 있어서 사정을 물어보았다. 조선 정부는 서계(書契)를 만들어 일본 외무성에 보냈는데 어찌 듣지 못했고 알지 못한다고 할 수 있느냐?"라며 일본의 불법성을 지적했다. 이에 대해 불법 벌목 일본인은 "일본 정부가 금지하는 법령을 듣지 못했다"라며 사동(南浦梘谷)에 머물고 있는 일본인에게 자세한 사항을 질문하라며 답변을 회피했다.

그런데 이규원이 사동에 있는 일본인을 불러오는 데 실패하자, 도동에 있는 일본인과 문답했다. 그 자리에서 이규원은 울릉도에서 일본의 불법 벌목을 지적하고 울릉도가 조선의 영토라고 강조했다. 하지만 도동에 있는 일본인은 울릉도가 조선 영토라는 사실을 알지 못했으며 일본의 영토인 '송도(松島)'라는 표목을 근거로 일본 영토라고 주장했다.

"나는 왕명을 받들고 울릉도를 검찰하고 있다. 지난달 그믐날 이 섬에 들어와 산이나 물을 두루 다니며 돌아보다가 오늘 여기에 도착하여 너희를 만나 문답하는 것이다. 장차 이 사정을 조선 정부에 보고할 것이다. 강토에는 저절로 정해진 경계가 있는데 너희가 다른 나라에 와서 마음대로 벌목을 하고 있으니 이 무슨 도리냐?"

"저희는 다른 나라 강토가 되는 것을 듣지 못했습니다. 더구나 벌목을 시킨 역사자(役事者)는 지금 일본에 있으니 다른 나라의 경계(境域)인지를 거론하는 것은 불가능합니다. 이미 사동에 표목이 있으니 일본의 송도인 줄 알았습니다."

그러자 이규원은 송도 표목을 근거로 하는 일본인의 주장을 반박했다. 표목의 사실 여부에 대해 의문을 제기하면서 조선의 경계에 표목을 세우는 것이 불가능하다고 주장했다.

이규원이 "송도라고 칭하는 것은 무슨 까닭이냐?"라고 질문하자, 일본인은 "일본제국지도(日本帝國地圖)와 여지전도(輿地全圖)에서 모두 송도라고 지칭합니다"라고 주장했다.

그러자 이규원은 강하게 일본인을 비난했다.

"이 섬이 울릉(蔚陵)으로서 고려가 신라에서 받았고 조선이 고려에서 받아 수천 년 동안 전해 내려온 강토이다. 너희들이 일본의 송도라고 칭하는 것은 무슨 증거가 있느냐? 수백 년 이래로 조선이 관리를 파견하여 2년마다 수토하여 왔다. 조선의 법금(法禁)을 모르고 이렇게 함부로 벌목하고 있느냐?"

일본인은 역사자(役事者)가 알고 있으며, 섬에 대한 일을 모른다고 변명했다.

이규원은 일본인의 불법 행위를 주장하면서 일본인의 울릉도 철수를 요구했다. 일본인은 8월에 배가 도착하면 출발할 것이라고 답변했다. 계속해서 이규원은 일본인의 성명과 주소, 총인원 등을 파악했다.

이규원은 표목을 세운 시기와 인물을 일본인에게 탐문했다. 일본인은 "2년 전에 여기 와서 처음 보았는데 메이지(明治) 2년 2월 13일에 이와사키 다다테루[岩崎忠照]가 세운 것이다"라고 답변했다.[24] 이규원에 따르면 "장작지 포구에서 통구미로 향하니, 해변의 돌길 위에 표목을 세웠는데 길이는 6척이요 너비는 1척이며 거기에 '대일본제국 송도 규곡(大日本國松島槻谷). 메이지 2년 2월 13일, 이와사키 다다테루 세움'이라고 쓰여 있어 과연 왜인들의 문답과 같았다"[25]라고 했다.

처음에는 차분하게 행동하여 적에게 경계심을 풀게 하고, 이어서 토끼처럼 빠른 행동으로 적을 몰아붙여 패배시킨다. 이처럼 이규원은 울릉도에 불법 침입한 일본인들에 대해서 차분하지만 단호하게 대했다.

2) 야마모토 오사미의 보고서

이규원은 일본인의 표목이 메이지 '2년(1869)'에 세워진 것이라고 보고했는데 이것은 당시 일본 자료를 살펴보면 사실과 달랐다. 1883년 9월 3일(양력) 야마구치현(山口縣) 소속 관리 야마모토 오사미[山本修身]는 이규원 검찰사 파견 당시 울릉도에 불법 침입한 일본인을 조사한 다음 야마구치현 서기관 곤도 마레야마[近藤希山]에게 다음과 같이 복명서(復命書)를 제출했다.

야마모토의 복명서에 따르면 "이규원이 울릉도에 온 사실을 힐책하자 일본인은 풍파로 인해 표착(漂着)한 사람들이라고 허위 진술을 했을 뿐만 아니라 자신들의 소속 지역도 의도적으로 허위 답변을 했다"라고 진술했다. 이규원의 질문에 답변한 그 인물은 바로 후지쓰 세켄[藤津政憲]이 설립한 아사히구미[旭組] 부조장 에히메현[愛媛縣] 출신 우치다 히사나가[內田尙長]였다.

야마모토는 이규원이 질문하고 우치다가 답변한 내용을 다음과 같이 기록했다.

"이 섬은 우리나라 영토이므로 외국인이 함부로 건너오거나 상륙하면 안 되는 곳이다. 그런데 이렇게 상륙하여 게다가 수목 등을 벌채한 것은 일본 정부의 명령인가? 혹은 그것을 모르고 도항한 것인가?"

"일본 정부의 명령은 아니지만 '만국공법'에 따르면 무인도는 발견한 사람이 3년간 그 땅에 거주하였을 때는 소유권이 있으므로 수목을 벌채하더라도 아무런 문제가 없습니다."

"그렇다면 우리 정부에서 귀국 정부에 조회할 것이다. 그렇지만 지금 모두 이 섬을 떠나고 앞으로 도항하지 않을 것을 약속한다면 귀국 정부에 조회하는 번거로움을 없앨 것이다."

"이 섬이 귀국의 영토라고 양국 정부의 조약에 있으면 맺은 배편이 있는 대로 떠날 것인데 이미 벌채한 목재는 어떻게 해야 합니까?"

"그것은 가져가도 된다."

질의와 답변이 끝나고 일본인은 울릉도에 도항하지 않을 것을 약속했는데 우치다는 만국공법을 주장하며 자신들의 행위를 정당화시켰다고 야마모토에게 일방적으로 증언했다.[26] 하지만 검찰사 이후 이규원의 보고와 행적을 살펴보면 우치다는 야마모토에게 거짓말로 보고했다. 첫째, 우치다는 이규원에게 울릉도 철수를 약속했는데 굳이 만국공법까지 언급할 필요가 없었다. 둘째, 우치다는 일본인이 울릉도를 떠나면 일본 정부에 조회하지 않겠다고 말한 것을 마치 이규원이 협상안을 제시한 것처럼 꾸몄다. 실제 이규원은 검찰사 업무를 마치고 서울에 돌아와서 일본 정부에 조회하도록 요구했는데 우치다는 일본 정부로부터 처벌받지 않으려고 거짓말로 일관했다.

그 밖에 야마모토는 "1881년 5월 아사히구미 대표 오쓰군[大津君]의 후지쓰 마사노리[藤津政憲]는 울릉도로 인부를 보내 벌목사업을 개시했고 1882년 직공 어부를 보내서 어획사업도 시작했다"라고 보고했다.[27] 그런데 조선 정부의 강력한 항의를 받은 일본 태정관은 1883년 3월에 일본 외무성의 제안을 받아들여 울릉도 도항을 금지하는 조치를 실행했다. 그 결과로 일본 정부는 내무성 서기관 히가키 나오에[檜垣直枝]를

울릉도로 파견하여 1883년 10월에 울릉도의 일본인 전원을 에치고마루[越後丸]로 강제송환시켰다.[28]

한편 이규원은 1882년 5월 6일 통구미포로 가는 도중 일본인의 표목을 목격했다. 이규원에 따르면 일본인은 1869년(明治 2) 울릉도를 '송도'라고 지칭하며 표목을 세웠다. 하지만 야마모토 오사미가 1883년 작성한 「복명서」에 따르면 "대일본제국 마쓰시마[松島] 게이키다니[槻谷], 이와사키 다다테루[岩崎忠照]. 메이지 13년(1880)"이라고 기록되었다.[29] 결국 야마모토는 일본인이 1880년 울릉도를 '송도'라고 지칭하고 표목을 세웠다고 기록했다. 이것은 '송도'라는 일본인의 표목이 메이지 '13년(1880)'에 세워진 것을 의미한다. 이규원에게 답변했던 일본인 우치다는 울릉도가 오랫동안 일본의 영토라고 주장하기 위해서 이규원에게 거짓말을 한 것이었다.

사전 약속도 없이 말로만 화해를 청하면 반드시 모략이 있는 것이다. 울릉도에 불법 침입한 일본인들은 울릉도 철수를 말로만 약속하면서 울릉도 벌목으로 얻을 이익만 생각했다.

3) 이규원의 울릉도와 독도 명칭 인식

이규원은 일본인과의 문답을 통해서 일본인이 울릉도를 '송도'라고 지칭하고, '송도'라는 표목을 근거로 일본 영토라고 주장하는 사실을 파악했다. 그는 울릉도가 신라부터 조선의 영토이고, 조선이 2년마다 울릉도를 수토했음을 언급하면서 일본인의 범법 행위를 강조했고 그들의 울릉도 철수를 지시했다. 일본은 에도막부[江戶幕府]에서 울릉도를 '죽도', 독도를 '송도'라고 지칭하며 조선의 영토라고 인정했다. 그런데 메이지 시기 이후인 1882년 울릉도 불법 침입 일본인은 울릉도를 '송도'라고 일방적으로 주장했다. 일본은 '죽도'를 '송도'라고 부르며 울릉도를 자국의 영토로 만들려는 전략을 수행했다. 결국 일본은 울릉도(죽도)에서의 불법 행위를 고의로 은폐하기 위해서 울릉도를 '송도'라고 명칭을 바꿔서 명칭의 혼동을 유발했다.

이규원은 울릉도를 둘러싼 조일 관계를 살펴보면서 울릉도 불법 벌목 일본인에 대한 대응 방안을 고민했다. 그는 17세기에 일본이 울릉도에 표목을 설치했지만 안용복이 울릉도를 수호했다며 안용복을 높이 평가했다.[30] 또 일본의 울릉도 불법 침입을 비판하면서 조선이 일본에 공식적으로 항의 서한을 작성해야 한다고 판단했다.

이규원은 울릉도 불법 벌목 일본인이 "언동마다 사람을 속이기는 했지만 부끄러워하는 모습을 보였는데, 이는 스스로 죄를 지었다고 여기는 것"이라고 기록했다. 이규원은 일본인이 울릉도 벌목과 관련하여 변명으로 일관했지만 불법이라는 사실을 자인했다고 판단한 것이다. 이규원은 "일본에게 항의하지 않는다면 이는 묵인하는 것과 다름이 없으므로 교활한 왜인이 속이려 들 것이므로, 항의하는 문서를 보내야 한다"라고 주장했다.[31] 그러면서 조선 정부가 일본 정부에게 울릉도 불법 벌목에 대해 공식적으로 항의해야 한다고 강조했다.

이규원은 울릉도 보고서인 「계초본」에 송도, 죽도, 우산도의 명칭과 위치를 정리했다. 그는 "우산(于山)을 울릉(鬱陵)이라 호칭하는 것은 탐라(耽羅)를 제주(濟州)라고 호칭는 것과 같다"고 기록했고 '울릉'을 '우산'이라고 주장했다. 즉 이규원은 우산을 중심으로 하는 송도와 죽도라고 기록했고, 성인봉에서 "맑은 날에 높이 올라가서 멀리 바라보면 1,000리(千里)를 엿볼 수 있으나 돌 한주먹, 흙 한줌도 보이지 않았다"고 기록했다.[32]

이규원은 「계초본」에서 분명히 '송도, 죽도, 우산도', 즉 세 섬을 구별하여 기록했다. 첫째, 이규원이 말하는 '우산도'란 울릉도와 부속도서를 의미하는 '우산국'이 가능하다. 즉 '우산'을 울릉도와 '송도'와 '죽도'를 모두 포괄하는 명칭으로 사용했다. 둘째, '송도'라는 섬을 찾지 못했지만 울릉도의 부속도서라고 판단했다. 즉 이규원은 송죽도를 각각의 섬인 '송도'와 '죽도'로 인식하였지만 송도의 위치를 찾지는 못했다.

이규원의 인식과 행동을 주목한다면 결국 이규원은 독도를 찾았지만 직접 관찰하지 못했을 뿐이었다. 무엇보다도 이규원은 성인봉 정상에서 울릉도 주변의 새로운 섬을 찾으려는 노력을 시도했다. 이것은 이규원이 자신의 시야에서 독도를 발견하지 못했을 뿐이라고 해석할 수 있다.

울릉도 1882

제4장

평해부터 서울까지 여정

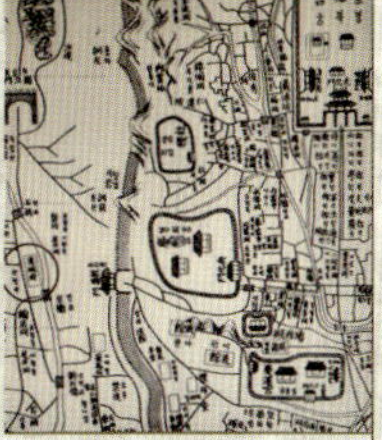

1. 평해에서 서울까지 전체 일정

1882년 5월 이규원은 울릉도 검찰을 마치고 평해에 도착하여 평해→강릉→원주→서울까지 말을 타고 갔다. 그의 여정은 조선시대의 지리적 이동을 살펴보는 데 유용할 것이다. 이규원은 김정호가 『대동지지』 「정리고」에서 작성한 평해→서울의 길과 대체로 비슷한 길을 지나갔다.[1]

첫째, 이규원은 5월 12일 아침 9시경 울릉도에서 출발하여 5월 12일 밤 10시경 평해 구산포에 도착했다. 5월 15일 평해를 출발하여 5월 19일 강릉에 도착했는데 평해부터 강릉까지의 지명을 다음과 같이 기록했다.

평해 구산포→망양정(望洋亭)→덕신역(德新驛)→울진(蔚珍) 매화리(梅花里)→울진(蔚珍 5.15)→울진현(蔚珍縣) 고산성(古山城)→울진 경구동(炅邱洞)→삼척 옥원역창(沃原驛倉 5.16)→삼척 용하역(龍河驛)→삼척 교가찰방도(交柯察訪道 5.17)→삼척 오십천(五十川)→죽서루(竹西樓)→삼척 십리후평(十里後坪)→동해 한천역(寒泉驛 5.18)→강릉 우계역(牛溪驛)→강릉부(江陵府 5.19~20) 등이었다.[2]

날짜	평해→강릉
1882.5.15	평해 구산포
	망양정(望洋亭)

	덕신역
	울진 매화리
	울진
1882.5.16	울진현 고산성
	울진 경구동
	삼척 옥원역창
1882.5.17	삼척 용하역
	삼척 교가찰방도
1882.5.18	삼척 오십천
	죽서루
	삼척 십리후평
	동해 한천역
1882.5.19~20	강릉 우계역
	강릉부

둘째, 이규원은 5월 21일 강릉을 출발하여 5월 23일 원주에 도착했는데 강릉 구산역점(邱山驛店)을 통과한 다음 점심 장소와 저녁 숙소의 지명을 다음과 같이 기록했다.

평창 횡계역(橫溪驛)→평창 진부역사(珍富驛社 5.21)→평창 대화역(大化驛)→평창 운주역(雲州驛 5.22)→횡성 오원역(烏原驛)→원주(原州 5.23~24) 등이 바로 그것이다.[3]

날짜	평창→원주
1882.5.21	평창 횡계역(橫溪驛)
	평창 진부역사(珍 富驛社 5.21)

1882.5.22	평창 대화역(大化驛)
	평창 운주역(雲州驛 5.22)
1882.5.23~24	횡성 오원역(烏原驛)
	원주(原州 5.23~24)

셋째, 이규원은 5월 25일 원주를 출발하여 5월 27일 서울 인근에 도착했는데 원주부터 서울까지의 지명을 다음과 같이 기록했다.

원주관문(原州關門)→원주 내창참(內倉站)→지평(砥平) 모절참(母節站)→양평 지평현(砥平縣 5.25)→양평 양근(楊根)→광주(廣州) 봉안역(奉安驛=奉安站 5.26)→양주(楊州) 평구참(平邱站=平邱驛)→서울 두모포(豆毛浦=頭毛浦 5.27) 등이었다. 이규원은 서울에서 출발하여 원주에 도착했을 때보다 하루의 일정을 단축했다.[4] 그는 신속히 도착해서 보고서를 완성하여 고종에게 보고하기 위해서 서둘렀던 것으로 보인다.

날짜	원주→서울
1882.5.25	원주관문(原州關門)
	원주 내창참(內倉站)
	지평(砥平) 모절참(母節站)
	양평 지평현(砥平縣 5.25)
1882.5.26	양평 양근(楊根)
	광주(廣州) 봉안역(奉安驛=奉安站 5.26)
1882.5.27	양주(楊州) 평구참(平邱站=平邱驛)
	서울 두모포(豆毛浦=頭毛浦 5.27)

2. 이규원의 평해와 울진 도착

1) 울릉도부터 평해까지의 바닷길

이규원은 울릉도의 육로와 해안 탐사를 마치고 울진으로 돌아가려고 준비했다. 1882년 5월 11일 산신에게 기도하는 도중 동풍이 불기 시작하여, 12일 아침 9시경[辰時]에 3척의 선박에 모두 돛대를 달도록 명령하여 출발했다.[5] 이규원 검찰사 일행은 5월 12일 저녁쯤 울진 쪽을 향했는데 풍랑이 크게 일어 정박할 수 없어 노를 저어 제어하면서 평해 구산포로 정박하고 육지에 내렸다.[6] 이규원은 5월 12일 밤 10시경[亥時] 평해에 도착했고 나머지 2척은 13일에 도착했다. 5월 15일 평해를 출발한 이규원은 동해안을 따라 5월 19일 강릉에서 숙박할 수 있었다. 5월 23일에는 원주에 도착했고 다시 25일에 출발하여 5월 27일에 서울 인근에 도착했다. 그는 6월 4일과 5일 고종을 두 차례 알현했다. 이규원은 서울로 돌아오는 여정을 다음과 같이 기록했다.

> 1882년 5월 12일 날씨가 맑았다. 동풍이 서서히 일자 바다에 파도가 조금 일었다. 뱃사람[梢工]은 바람이 불어 배가 출발할 수 있다고 말했다. 급히 아침을 먹은 뒤 오전 9시경 배에 올랐다. 큰 파도를 세 차례 넘어 바다 가운데로 나오니 바람은 잔잔하고 물이 거꾸로 흘러서 배가 나아가지 못하고 바다 위에서 멈칫거렸다. 밤을 지새우는 곤란함을 겪었다.[7]

1882년 5월 12일 저녁 울진군으로 향했으나 파도가 심해서 정박하지 못했다. 밤 10시쯤 겨우 노를 저어 겨우 평해 구산포에 정박하고 상륙할 수 있었다.

이규원은 정박 직후 신속히 도착 보고서인 「계초(啓草, *啓草本과 다름)」를 작성했다.

통정대부(通政大夫) 울릉도검찰사(鬱陵島檢察使) 이규원은 삼가 아뢰옵니다. 울릉도검찰사로서 금년 4월 7일 임금님께 하직하고 29일 오전 10시쯤 구산포에서 바람을 살피다가 바람을 만나 배를 출발했습니다. 30일 오후 6시쯤 울릉도 서쪽 소황토구미에 정박했고 여기저기 산과 바다를 검찰한 뒤 5월 12일 오전 9시쯤에 배를 출발시켜 12일 오후 10시쯤 평해 구산포에 상륙했습니다.[8]

5월 13일 평해군수가 왔고 오후에 함께 출발하여 평해군 장교청(將校廳)에 거처를 정했다. 뒤처졌던 배 2척도 구산포(邱山浦)에 도착했다.[9] 이날 이규원은 "깊은 바다와 높은 파도를 이렇게 건널 수 있는 것이 왕령(王靈)의 보살핌과 천신(天神)의 도움이 아니고 무엇인가"라며 임금에 대한 충성심을 보여 주었다.[10]

5월 14일 날씨가 맑았다. 이규원은 술과 고기와 떡을 성대히 차리도록 평해군수에 지시하여 격군과 포군 등을 배불리 먹였다. 그리고 울릉도 검찰 활동 관련 보상과 포상을 다음과 같이 수행했다.

첫째, 상선 1척은 배를 세낸 값으로 400냥(80원, *현재 화폐가치로 환산하면 800만 원)을, 선주는 따로 100냥(20원=200만 원)을 받았다. 사공과 격군 등 18명은 10냥(2원=20만 원)씩 받았다. 둘째, 종선 2척은 비록 해당 읍(邑)에서 사역하는 것이지만 바다에서 애쓴 것을 참작하여 1척에 30냥(6원=60만 원)씩 주었다. 사공과 격졸 등 35명은 5냥(1원=10만 원)씩, 포군 20명은 귀향하는 여비로 각각 3냥씩 받았다. 셋째, 구산포 주민은 고역(苦役)을 수행했으므로 전(錢) 50냥, 쌀 2석, 좁쌀 3석을 보상받았다.

이규원은 '큰 바다 험한 길을 쉽게 건넜다'라는 안도감 속에 인자함을 베풀 수 있었다. 오후에 구산포 주변을 배로 한 바퀴 유람하고 그 대가로 백주(白酒) 두 동이와 북어 한 궤를 어부에게 내렸다. 때마침 농부 30~40명이 앞뜰에서 호미질을 하고 있었는데 그 고생을 가엾게 여겨 백주 두 동이와 담배 다섯 묶음과 북어 한 궤를 주었다. 석양 무렵 평해로 돌아오니 마을의 여러 노인이 술과 안주를 바치고 물러났다. 귀환 노문(路文)을 발송했는데 울진리(蔚珍吏) 장병익(張秉翊)이 방문했다. 그날 밤 이규원은 회포를 풀기 위해서 원세창의 집에 전 15냥(3원=30만 원)을 주어서 송별연에 쓸 비용으로 삼았다.[11] 그만큼 이규원은 원세창과 가까운 사이였던 것으로 보인다.

성인은 도(道)에 따라 평안하게 하고, 의(義)로 다스리고, 예(禮)로 움직이게 하고, 인(仁)으로 사랑하였다. 도란 처음의 순수함을 지키기 위한 것이고 의란 일을 행함에 있어 옳고 그른 것을 헤아려 공적을 세우는 것이다. 이규원은 검찰사 수행의 안도감을 도로, 수행원에 대한 포상을 수행하면서 의로, 원세창에게는 예로, 호미질하는 농부들에게는 인으로 대하려고 노력했다.

2) 평해부터 울진까지, 이규원의 선정

1882년 5월 15일 아침 평해를 출발했다. 평해군수와 책실(冊室, *비서), 원세창, 유생원(柳生員), 정석사(鄭碩士)와 함께 남문루(南門樓)에 올라 작별했다. 구산포 주민은 이규원의 활동과 선정에 대해 최고의 이별의 정(情)을 표시했다. 먼저 10리를 가니 남정(男丁) 40여 명이 길옆에서 벌거벗은 채 기다리고 있었는데 웃옷을 벗어 땅에 깔아 길을 덮고 있었다. 그들은 구산포 사람이었다. 조금 더 가니 노소(老少) 여인(女人) 50~60명이 치마를 벗어 길을 덮어놓고 땅에 엎드려 고별하였다. 절을 하는 사람도 있고 우는 사람도 있었다. 10여 리를 더 가 결명점(決明店)에 이르렀는데 목비(木碑)가 세워져 있었다.

> 명성(名聲)이 서경(西京)에까지 들리고 은혜가 동도(東島)까지 미쳤으며 어진 사람에 심히 가까워 백성을 어린아이같이 보살피다.

이규원은 "이곳에서 관직을 지내기는 했지만 별로 민정을 살피지도 못했는데 이렇게 비상한 정을 쏟았다"라며 놀라워했다.[12] 구산포 주민은 작별하기 어려운 사람을 보낼 때 표현하던 최고 예우의 방법들을 이규원에게 모두 표현했다.

이규원은 긴 여정을 대비해 하인들에게 술과 엿을 먹였다. 5리를 지나 차동(次洞)을 거치고 10여 리를 가서 망양정(望洋亭) 터에 이르렀을 때 그곳에서 더위를 피해 술을 한 잔씩 돌렸다.

망양정은 1471년(성종 2) 평해군수 채신보(蔡申保)가 현종산(縣鍾山) 남쪽 기슭에 세웠다. 1517년(중종 12) 비바람으로 정자가 파손되어 다음 해 안렴사 윤희인(尹希仁)이 평해군수 김세우(金世瑀)와 함께 중수했으며, 1590년(선조 23) 평해군수 고경조(高敬祖)가 다시 중수했으나, 그 후 세월이 오래되어 다시 허물어졌다. 1860년(철종 11) 울진현령 이희호(李熙虎)가 망양정이 오랫동안 무너진 것을 한탄하여 군승(郡承) 임학영(林鶴英)과 함께 지금 망양정이 있는 근남면 산포리 둔산(屯山)으로 옮겨 세웠다. 1888년(고종 25) 울진현령을 지낸 류태형의 『선사록(仙槎錄)』에 따르면 망양정이 둔산으로 옮겨진 이유는 "후세 사람들의 안목이 고루하여 읍치(邑治)에서 조금 멀다는 이유로 강과 바다 사이로 옮겨 지었다"라고 한다.

망양정은 옛날부터 해돋이와 달구경이 유명하며, 숙종은 친히 이곳에 들러 아름다운 경치를 감상했고, 정철과 김시습 등도 이곳에 들러 풍광을 즐겼다. 망양정 아래에 흐르는 왕피천(王避川)은 임금이 피난을 한 곳, 또는 임금이 휴양을 위해서 머문 곳이란 의미도 전해온다. 지금도 망양정에는 숙종의 어제시(御製詩) 현판이 있고, 정철의 관동별곡 현판들이 걸려 있다.

숙종은 어제시에서 "골짜기들 겹겹이 구불구불 열리고, 놀란 파도 큰 물결은 하늘에 닿아 있네. 지금 이 바다가 술이 된다면 어찌 단지 삼백 잔만 기울이겠나"라고 했다. 송강 정철(鄭澈, 1537~1593)은 관동별곡 중 망양정에서 "텬근(天根)을 못내 보와 망양뎡(望洋亭)의 올은 말이, 바

망양정 (필자 촬영)

다 밧근 하날이니 하날 밧근 무서신고, 갓득 노한 고래 뉘라셔 놀내 관대, 블거니 뿜거니 어즈러이 구난디고[하늘 끝을 못 보고 망양정에 올라서 하는 말이, 바다 밖은 하늘인데, 하늘 밖은 무엇인고, 가뜩이나 노한 고래 누가 놀라게 했길래, (물을) 불거니 뿜거니 어지럽게 구는구나]"라고 읊었다.

망양정은 정선의 그림을 통해서 당시의 모습을 엿볼 수 있다. 정선은 실경을 그리면서도 주변을 매우 파격적으로 생략하고 망양정은 최대한 부각해서 그림의 주제를 명확히 했다. 파도는 명암을 확실히 하면서 율동적 선묘로 높고 넘실거리는 파도를 생경스럽게 표현하였고, 왼쪽 아래쪽에는 수많은 기암괴석들을 배치하여 실제 주변 환경을 짐작하게 했다. 특히 망양정의 누각 각도와 오른쪽 하단의 기암들을 사선 구

도로 화면 배치하여 망양정의 아슬아슬한 기운을 배가시켰다.[13]

이규원은 평해와 울진의 경계에 있는 주막에 들어가 점심을 먹었다. 10여 리 바닷가에는 흰 모래가 펼쳐져 있고 해당화가 떨어지며 열매를 맺는 모습이 아름다웠다. 바닷가 돌의 기괴함은 울릉도와 모습이 비슷했다. 바다에 있는 큰 바위는 가운데가 뚫려 있어서 사람이 말을 타고 지나갈 수 있을 정도였으며, 사람들은 굴암(窟岩)이라고 불렀다. 바닷가에 흰 돌 십여 개가 솟아 있는 모습은 해금강(海金剛)과 흡사했다. 고개를 하나 넘어 덕신역(德新驛)에 도착한 다음 구부능(九富能)이라는 고개 하나를 또 넘었다. 울진(蔚珍) 매화리(梅花里)에서 잠시 쉴 때 최학수(崔鶴壽)가 술과 안주를 갖추어서 찾아왔다. 5리쯤 가서 구리령(九里嶺)을 넘고 남대천(南大川)을 건너 밤에 울진에 도착하여 묵었는데 울진현감 왕근호(王謹鎬)[14]는 강원도 동영(東營)으로 출장 간 상태였다. 울진 오창동(烏倉洞)에 비(碑)가 서 있었는데 그 내용은 다음과 같았다. "천도(天道)가 감응하여 검찰사가 이르니 육지와 바다가 모두 편안하고 기리는 소리가 길에 가득하다."[15] 이규원의 검찰사 활동에 대한 소문이 울진까지 널리 퍼졌다.

명예 때문에 나서지 않고 물러날 때는 죄를 두려워하지 않으며 오직 백성을 보호하는 장수야말로 가장 훌륭한 장수다. 평해와 울진 지역 백성은 이규원의 백성을 생각하는 마음을 잘 알았기 때문에 그 고마움을 표현했던 것으로 보인다.

3) 울진부터 삼척까지의 과정과 인물, 소공령

1882년 5월 16일 울진현을 떠나서 고산성(古山城)에 올랐다. 고산성은 임진왜란 전에는 목사부(牧使府)의 산성이었는데 임진왜란 때 왜인에게 속아서 함락되어 지금은 폐허가 되었다.[16] 임진왜란 당시 의병장 주호(朱皥)는 울진현의 소재지인 고산성을 중심으로 300여 명의 의병을 모집했다. 당시 피난 갔던 현령을 비롯한 관리들과 지방 유지들이 주호 장군을 믿고 상하가 한 덩어리가 되어 총력전을 수행했다. 1593년 8월 일본 군대 수천 명이 고산성을 공격했는데 주호 장군을 비롯한 의병들은 일본군을 맞아 수십 일 동안 치열한 격전을 벌였다. 성안에는 양식과 물이 떨어지고 화살도 없어 돌을 던지고 바위를 굴렸으나 성을 포위한 일본 군대에 더는 버틸 수 없어 육박전으로 최후의 일각까지 싸우다가 전원 전사했다.[17]

그곳에는 장씨(張氏) 1~2가구(家)가 살고 있었다. 울진현의 책실 윤선달(尹先達)이 함께 올라와 술과 안주를 내왔고 고산성을 내려와 작별했다. 10리쯤 가서 응안점(鷹眼店)에 이르러 하인들에게 백주를 내렸다. 10리를 가서 서진령(西津領)을 넘고 5리를 지나 추천령(椎天領)을 넘었다. 바닷가에 봉우리 하나가 북서쪽으로 뻗어 바닷가 쪽으로 향하여 높아졌다. 잠깐 쉬면서 술을 들었다. 바닷가의 바위 하나는 모양이 완연히 매가 앉아서 고개를 들어 물체를 살피는 모습이었다. 모래밭으로 내려와서 5리를 가 경구동(炅邱洞)에 도착하여 점심을 들었다. 길을 떠나 나곡태봉(羅谷胎峯)을 지나 갈치(葛峙)를 넘었는데 고개는 오르락내리락 20리로 고개 동쪽이 울진과 삼척의 경계였다. 다내동(多乃洞) 장터를 지나서 이현(梨峴)을 넘어 30리를 가서 옥원역창(沃原驛倉 *현재 삼척시 원덕읍 옥원리)에 도착하여 묵었다. 울진현감 왕근호가 귀로에 방문했다.[18] 이규원에게 있어서 여정의 고달픔을 잊게 해 주는 동반자는 역시 술이었던 것으로 보인다.

5월 17일 15리를 가서 소공령(召公嶺)에 이르렀는데 고개 위에 소공비(召公碑)가 있었다. 과거 판우군부사(判右軍府使) 황희(黃翼成=黃喜, 1363~1452)가 소공(召公)에 주재하며 이곳을 다스렸다. 그 후 백성들이 공덕을 기려 돌을 세워 대(臺)를 만들어 황희의 업적을 기록했다. 주(周)나라 소공(召公)이 팥배나무 아래에서 백성에 끼친 은혜에 비유한 것이다. 고개에 올라와서 멀리 울릉도를 바라보니 소공령의 줄기였다.[19]

주나라 초기의 재상 소공이 임금의 명령으로 산시(陝西)를 다스릴 때 선정을 베풀어 백성들의 사랑과 존경을 한몸에 받았다. 그는 지방을 순시할 때마다 팥배나무(甘棠) 아래에서 송사를 판결하거나 정사를 처리하며 앉아서 쉬기도 했다. 소공이 죽자 백성들은 그의 치적을 사모하여 팥배나무(甘棠)를 귀중하게 돌보았는데 '감당(甘棠)'이란 시를 지어 그의 공덕을 노래했다. 『시경(詩經)』에 "우거진 감당나무 자르지도 베지도 마소, 소백님이 멈추셨던 곳이니, 우거진 감당나무 자르지도 꺾지도 마소, 소백님이 쉬셨던 곳이니, 우거진 감당나무 자르지도 휘지도 마소, 소백님이 머무셨던 곳이니"[20]라고 전한다.

소공령(召公嶺)은 옛날 이 고개를 넘어야만 인마(人馬)가 내왕할 수 있었기 때문에 이름을 와현(瓦峴)이라 불렀다. 현재 소공대비(召公臺碑)는 1516년 황희의 4대손 강원도관찰사 황맹헌(黃孟獻)이 세웠으나 훗날 비바람에 쓰러져 부러졌는데 1578년 황희의 6대손 삼척부사 황정

삼척 소공대 (국가유산청)

식(黃廷式)이 다시 건립한 것이다. 영의정 남곤(南袞)이 비문을 짓고 여성군(礪城君) 송인(宋寅)이 글씨를 썼다. 원래 1423년에 강원도에 큰 흉년이 들었는데 세종은 황희를 강원도관찰사로 임명했다. 황희는 강릉 대령산에 있는 죽실을 따서 밥을 만들어 먹도록 하고 구황책을 마련하여 기근을 면하게 했다. 나중에 백성들은 그의 은덕을 사모하여 울진에서 그가 행차를 멈추었던 곳에다 대를 쌓고 황희를 중국의 소공과 같은 정도의 은인이라고 생각하며 소공대(召公臺)라는 비를 세우는 데 적극 참여했다. 소공대비에는 "삼척부 남쪽 70리 지점에 와현이 있고 와현 위에 돌을 쌓은 곳이 소공대라고 하니 예전 황익성(黃翼成)이 왕래할 때 쉬었던 곳이다. 1423년 백성을 보살펴 정성을 다해 구호하니 죽은 백성이 없었다. 새로 대(臺)를 세운 것은 누가 독촉해서 만든 것이 아니었다. 덕(德)이 사람에게 남아서 대(臺)와 더불어 새롭다. 이 글을 좋은 돌에 새겨서 천년토록 알리리다"[21]라고 적혀 있다.

이규원은 소공령에서 15리를 가서 용하치(龍河峙)를 넘고 10리를 지나 용하역(龍河驛)에 이르러 점심을 먹었다. 곧 출발하여 마륵령(馬勒嶺)을 넘고 문암(門岩)과 원평(原坪)을 지나 15리를 경유해 가리치(加里峙)를 넘고 동막(東幕)을 지나 15리를 간 후 교가찰방도(交柯察訪道 *현재 삼척시 근덕면 교가리)[22]에 이르러 묵었다. 이날 지나간 문암은 해변의 산기슭에 바위 둘이 문처럼 버티고 그 사이로 큰 길이 난 까닭에 문암이라고 불렀다. 또 바위 하나는 바다로 뚝 떨어진 모습이 촛대와 같아서 길가의 볼만한 풍경이었다.[23] 삼척의 남쪽 해안에 있었던 만경(滿卿)에는 옛 산성이 있었고, 부근의 교가역(交柯驛)은 평릉도(平陵道)의 찰방(察訪)으로 동해안의 14개 역을 관할했다가 뒤에 평릉으로 옮겼다. 당시 교가천을 따라 태백산에 이를 수 있었는데 현재 문암은 문암해수욕장 방파제 입구에 있다.

소공대비는 백성을 위하는 바른 마음을 오랫동안 기념하라는 의미였다. 그런데 이날 이규원은 소공령에서 울릉도를 "소공령의 줄기"라고 기록했다. 이것은 소공령에서 울릉도를 일상적으로 볼 수 있다는 것을 의미하는 것으로 한국 본토와 울릉도의 지리적 인접성이라는 중요한 사실을 입증한 것이다. 또한 이규원은 울릉도를 태백산 산맥과 연결된 지역이라고 인식했는데 그것은 울릉도가 백두산과 태백산의 산맥과 연결되는 한국의 오랜 영토라는 사실을 반영한 것이다.

3. 이규원의 삼척 도착과 강릉 출발

1) 삼척의 오십천과 죽서루

1882년 5월 18일 흐린 날씨이다. 길을 떠나 20리를 지나 오십천(五十川)을 건넜다. 목비(木碑)가 있었는데 그 내용은 다음과 같았다. "사랑이 포군(砲軍)까지 미쳐서 모든 사람이 감동했으며, 천리(千里)의 바다가 평안하여 무사히 귀가하도다."[24]

이규원의 검찰사 활동이 삼척까지 전달되어 목비가 자발적으로 세워졌던 것으로 보인다. 그럼에도 조선시대 선정비와 송덕비는 지방관 스스로 세우는 일도 있었다. 안정복은 65세에 목천(木川)현감으로 부임하여 선정을 베풀었다. 그는 청렴한 관리로서 백성들의 이익을 위해 힘썼다. 그러자 백성들은 누가 시킨 일이 아닌데도 나무를 깎아 목비를 세워 그의 업적을 칭송했지만 안정복은 목비를 세우지 못하게 했다. 당대의 많은 지방관은 다투어 송덕비를 세워 자신의 이름을 남기려고 했다.[25]

이규원이 삼척부(三陟府)에 들어와 죽서루(竹西樓)에서 점심을 먹을 때 삼척부사(三陟府使) 홍종한(洪鍾漢)[26]과 삼척영장(三陟營將) 김기서(金箕瑞)[27]가 찾아왔다. 5리를 가서 궐령(蕨嶺) 천곡치(泉谷峙)를 넘어 십리후평(十里後坪)을 지났다. 십리후평은 삼척의 큰 벌판이다. 15리를 가서 당치(堂峙)를 넘고 한천역(寒泉驛)에 이르러 묵었다.[28] 한천역은 현재 동해역 인근 한천서원에 위치한 곳이었다.

이날 이규원은 죽서루에서 숙종의 「어제시」와 석천(石川) 임억령(林億齡, 1496~1568)의 「등죽서루(登竹西樓)」를 관찰하며 이렇게 기록했다.

대관령 동쪽에서 가장 큰 누각, 옛날이나 지금이나 물이 푸른 석벽을 감돌아 흐르네. 용향어묵(龍香御墨, 龍腦와 麝香 등을 넣어 제조한 名墨)을 바라보며 물가에서 헤엄치고 물결 일으키며 즐겁게 노니는 흰 갈매기에게 묻도다.(숙종의 「어제시」)

산속 한밤중에 비가 내리고, 세상에는 두 모인(毛人)만 있다. 낙엽이 지고 매화나무는 추위에 떨며 서호(西湖)는 몇 번이나 봄을 지냈던가.(임억령의 「등죽서루」)[29]

석천 임억령은 시문에 뛰어나다는 평가를 받았다. 석천은 3,000여 수를 창작하였는데 당시 시인 가운데 가장 많은 작품이 전해지며, 교유 인사가 300여 명에 달했다. 1554년 강원도관찰사를 역임한 인물이었다.[30]

이규원이 보았던 오십천과 죽서루는 관동팔경의 핵심이었다. 오십천은 삼척시를 가로질러 동해로 흘렀다. 동해안에서 가장 긴 하천으로 '오십천'이란 이름은 발원지에서부터 동해까지 50여 번 돌아 흐른다고 하여 붙여진 것이었다. 죽서루는 오십천이 내려다보이는 절벽에 자리 잡고 있었다. 죽서루와 오십천은 양양 낙산사의 의상대와 함께 송강 정철의 「관동별곡」에 소개된 관동팔경 가운데 하나였다. 현재의 죽서루는 1403년 삼척부사 김효손(金孝孫, 1373~1429)이 옛터에 중창한 후 여러 번의 중건을 거쳐 오늘에 이르고 있다. 죽서루는 정면 7칸, 북쪽 측면 2칸, 남쪽 측면 3칸으로 지어진 특이한 형태의 누각으로 현재 보물 제213호로 지정되었다. 누각의 전면에 걸려 있는 '죽서루(竹西樓)'와 '관동제일루(關東第一樓)'라는 현판은 1715년 삼척부사 이성조(李聖肇)가 쓴 글씨로 죽서루를 관동에서 제일가는 누각으로 표현했다. 또한 현판 중에는 '제일계정(第一溪亭)'이라 하여 삼척부사를 역임한 허목(許穆, 1596~1682)의 글씨가 있는데, 이것은 오십천의 계류와 기묘한 조화를 이루고 있는 죽서루의 아름다운 모습을 나타낸 것이었다.

죽서루와 오십천의 비경은 옛날부터 많은 묵객의 화폭에 담겨 왔다. 조선 후기 화가들 사이에 실제 자연을 화폭에 그대로 옮기는 화풍이 유행했는데 이것이 바로 진경산수화였다. 당시 화원들은 전국의 유명한 경승지를 찾아가 그림을 그리기 시작했고 단양팔경, 금강산, 관동팔경 등의 아름다운 절경이 화제가 되었다. 특히 죽서루와 오십천은 그 모습이 빼어나 겸재 정선, 단원 김홍도, 강세황, 엄치욱 등 진경산수를 대표하는 많은 화가들이 그 아름다운 풍광을 그려 오늘날까지 전하고 있다. 〈죽서루도〉는 1788년 단원 김홍도가 그린 죽서루의 모습으로 오십천이 S자형으로 크게 감돌아 가는 석벽이 눈에 띈다.[31]

현재의 죽서루는 옛 모습과 거의 변하지 않은 모습을 간직하고 있다. 정선의 죽서루에는 병풍처럼 둘러쳐진 낭떠러지 절벽이 오십천 강줄기를 따라 동해로 내보내고 있다.

정선의 '죽서루'를 보면 겹겹이 늘어선 낭떠러지에 팔작지붕의 2층 누정이 절벽 중앙에 세워져 있고 정자보다 큰 두 그루의 나무가 누정을 보좌하고 있으며, 좌우로는 다른 두 칸의 집이 나란히 서 있다. 벼랑아래 냇가에는 일엽편주 1척이 뱃놀이하는 사람을 태워 평안하게 유람하고 있고, 2층 누각에도 갓을 쓰고 도포를 입은 3명의 양반이 오십천의

정선의 죽서루 (관동명승첩)

흐르는 물결과 나룻배를 감상하며 앉아 있다. 그림 속의 나룻배와 누각은 점경인물화로 표현하여 정자의 크기와 절벽의 높이를 상대적으로 느낄 수 있게 한다. 인물은 밋밋할 수 있는 풍경에 생동감을 불러일으켜 화면을 더욱 정취 있게 만드는 역할을 하고, 화면상의 위치와 비례를 알게 해 준다.[32]

정선의 『관동명승첩』 속 죽서루는 겸재의 절친한 벗 사천(槎川) 이병연(李秉淵, 1671~1751)과 자신을 포함해 자화상을 그린 것 아니었냐는 의견도 있는데 이병연의 죽서루 시는 다음과 같다.

촘촘한 죽서루 길, 봄 깊어 무성한 푸른 이끼, 지는 꽃잎 모두 물에 내리고, 이지러진 달은 대(臺)에 걸렸네. 골짜기 기운 맑아 촉촉하고, 여울 소리는 빙빙 도는 듯, 두타산 저녁 구름 일어, 때를 맞추어 절로 죽서루 처마에 깃들어 오네.

삼척부사를 역임한 허목은 죽서루의 현판뿐만 아니라 척주동해비(陟州東海碑)의 글씨도 썼다. 1661년 허목 나이 67세에 척주동해비를 세웠는데 현재 강원도 유형문화재 제37호로 지정되었다. 삼척은 파도가 심할 때는 조수(潮水)가 시내까지 들어오고, 홍수 때에는 오십천이 범람하여 주민들의 피해가 극심했다. 이를 안타깝게 생각한 삼척부사 허목은 동해송(東海訟)이라는 222자의 글을 짓고 특유의 생동감 넘치는 구불구불한 전서체(篆書體)로 글을 써서 척주동해비를 세웠는데 그 핵심 내용은 다음과 같다.

> 바다 밖 갖가지 종족과 산물들은 무리도 풍속도 서로 전혀 다르지만 한 누리에서 함께 보살핌 받고 있네. 옛 성인의 덕 멀리 미쳐 온갖 오랑캐들마저 아무리 멀어도 찾아와 복종하지 않는 이 없었네.[33]

허목은 바다에 있는 괴물과 이민족에 대한 서술을 통해 옛 성인의 덕을 찬양했는데 척주동해비를 세운 이후에는 조수의 피해가 없어졌다는 전설이 전해진다.

2) 강릉에서 만난 인물, 김옥균의 양부

5월 19일 갑진(甲辰) 흐림. 출발하여 사모령(紗帽領)을 넘고 도적평(道跡坪)을 지나 30리를 가서 낙봉(洛峯) 우계역(牛溪驛=羽溪倉 *현재 강릉시 옥계면)에 이르러 점심을 먹었다. 우계면(牛溪面)은 옛날 옥천읍(玉川邑) 터이다. 다시 길을 떠나 7리쯤 가서 율치(律峙)를 넘은 후 15리를 가서 화비령(花比領)을 넘고 발개평(鉢介坪)을 지나 안인모전(安仁茅田)에 이르러 잠깐 쉬었다. 곧 길을 떠나 20리를 가서 우암평(牛岩坪)을 지났다. 우암평은 강릉의 앞 벌판이다. 20리를 가서 강릉부(江陵府)에 도착하여 묵었다. 강릉부사(江陵府使) 김병기(金炳基)가 와서 보았다.[34]

갑신정변의 주역 김옥균의 양부(養父) 김병기(金炳基)는 1814년에 태어났다. 본관은 안동이고 광주목사(光州牧使) 김교근(金喬根)의 아들이었다. 1846년 생원(生員)에 합격했으나 문과급제를 못하여 음직으로 1852년 광릉참봉(光陵參奉)을 지냈다. 1859년 8월 금성현령(金城縣令), 1865년 3월 옥천군수(沃川郡守), 1867년 12월 양양부사(襄陽府使), 1877년 9월 마전군수(麻田郡守) 등에 임명되었다. 1880년 1월에는 강릉부사(江陵府使)에 임명되었는데 1882년 6월까지 수행했다. 그의 나이 70세인 1883년 1월 정3품 통정대부에 올랐다. 1884년 1~5월까지 가평현감(加平縣監)을 수행했는데 갑신정변 직후 1884년 11월 1일 삭탈관직 되었다.[35]

김옥균의 생부 김병태(金炳台, 1827~1894)는 갑신정변 직후 체포되어 눈이 먼 상태로 천안옥에 갇혀 10년의 옥살이를 하다가 김옥균이 암살당한 직후 1894년 5월 24일 교수형을 당했다.[36] 족보에 따르면 생모 송씨는 남편 김병태가 죽은 날 자결했다.[37]

김옥균은 1851년 현재 공주시 정안면 광정리에서 김병태의 장남으로 태어났는데 본관이 안동이었다. 자는 백온(伯溫), 호는 고균(古筠) 또는 고우(古愚), 일본 망명 중 이와타 슈사쿠[岩田周作]란 가명을 썼다. 아버지 김병태는 훈장을 하며 생계를 유지했는데 1856년 재당숙인 김병기에게 입적하면서 서울의 북촌 화동(현 정독도서관)에서 살았다. 1866년 전후 유길준(兪吉濬)의 친척인 유진황(兪鎭璜)의 누이 유씨(兪氏)와 결혼했다. 1872년 2월 김옥균은 문과 갑과 제1등으로 과거에 장원급제했다. 그 후 1882년 2월 홍문관 교리(弘文館校理)에 임명되었다. 1882년 3월 1차 일본 시찰 당시 후쿠자와 유키치[福澤諭吉] 등의 각계 인사와 접촉했다. 1882년 9월 2차 일본 시찰 당시 수신사 박영효(朴泳孝)를 수행하여 임오군란을 수습하려고 노력했다. 1883년 3월 동남제도개척사(東南諸道開拓使)에 임명되었는데 1883년 5월 3차 일본 시찰 당시 3백만 원의 일본 차관 도입을 시도했다. 1883년 10월 호조참판(戶曹參判), 1884년 10월 갑신정변 당시 혜상공국당상(惠商公局堂上) 겸 호조판서 서리에 올랐다가 정변이 실패하자 일본으로 망명했다.[38]

망명한 김옥균은 1886년 8월 오가사와라[小笠原] 제도의 부도(父島)에 유배되었다. 다시 1888년 8월 홋카이도로 유배되었는데 홋카이도 대학 식물원 안쪽의 가옥(北3條 西9-10丁目)에서 지냈다. 1890년 4월 김옥균은 치료차 도쿄로 돌아가 입원했는데 그해 10월 석방되었다. 도쿄에서 유라쿠쵸(有樂町) 일대의 호텔과 여관 등에서 생활하면서 대원군에게 밀서를 보내는 등 재기를 노렸다. 그랬던 김옥균은 1894년 3월 28일 상하이에서 홍종우에 의해 암살되었고, 4월 13일 그의 시신은 양화진에 도착했는데 다음 날 능지처참을 당했다.

김옥균의 묘는 도쿄 아오야마레이엔[青山霊園, 東京都港区南青山2-32-2 外苑前駅]의 외인묘지, 1900년 도쿄 신죠지(眞淨寺, 東京都文京区向丘 本駒込駅)라는 사찰 내부의 묘지, 충남 아산시 영인면 아산리 494-2번지의 묘지(金玉均先生遺墟) 등 총 3군데에 있다. 사진사 가이 군지[甲斐軍治]는 1894년 3월 상하이에 김옥균과 동행했는데 김옥균의 유발과 의복 일부를 수합하여 1894년 5월 아오야마레이엔, 1900년 도쿄 신죠지에 매장했다. 사진사 가이 군지도 1908년 8월 사망하여 신죠지의 김옥균 묘지 옆에 묻혔다. 1914년 9월 아산군수인 김옥균의 양자 김영진(金英鎭, 1876~1947)은 도쿄의 아오야마레이엔에 묻혀 있는 김옥균의 유발을 일부 이장하여 사망한 부인 유씨와 함께 아산시 영인산에 합장했다. 유길준이 작성한 것으로 알려진 아오야마레이엔(青山霊園)의 김옥균 묘비명은 다음과 같았다.

> 비상한 재주를 품고 비상한 때를 만났으나, 비상한 공(功)이 없고 비상한 죽음이 있었다(嗚呼 抱非常之才 遇非常之時 無非常之功 有非常之死).[39]

가이 군지는 나가사키현 출신으로 1856년 태어나 1908년 사망했다. 무역업에 종사하면서 1879년 처음으로 조선에 건너왔다. 1883년 서울에 들어가 사진업에 종사하다가 김옥균을 만나면서 동남제도개척사와 관련된 업무를 맡게 되었다. 1894년 조선으로 운반된 김옥균의 사체를 몰래 수습한 가이 군지는 신죠사에 가묘를 조성하고 묘비를 세웠다.[40]

김영진은 1901년 7월 와세다(早稻田) 전문학교(專門學校) 정치경제과를 졸업한 후 1902년 도쿄와 도호쿠(東北) 등의 지방에서 사무를 견습하고 1904년 4월 귀국하여 같은 해 10월 평양관찰도(平南觀察道) 참서관(參書官)이 되었다. 1907년 7월 군수에 임명되어 경기도 진위군(振威郡), 안성군(安城郡), 1910년 황해도 재령군(載寧郡), 1911년 3월 충청남도 아산군(牙山郡), 1914년 3월 논산군(論山郡), 1915년 7월 보령군(保寧郡)을 거쳐 1921년 2월 함경북도 참여관(參與官)으로 승진, 1922년 5월 경상남도 참여관, 1923년 2월 경상북도 참여관, 1924년 12월 전라북도 참여관을 역임하고 1929년 12월 조선총독부 중추원(中樞院) 참의(參議, 勅任)로 승진했다.[41] 황현에 따르면 김영진은 일본에서 돌아왔고 김옥균의 아들로 일본 부인이 낳았다. 김옥균이 처형된 후 그를 청산군(靑山郡)에 매장하였는데 이때 김영진이 와서 13년 만에 기법회(忌法會)를 치르고 김옥균의 유고(遺稿)도 간행했다. 김영진은 지방에 임명되어 평남 참서관(參書官)과 진위(振威)군수를 지내면서 불법을 자행한다는 소문이 자자했다.[42] 하지만 1925년 8월 20일 동아일보는 전라북도 참의관 김영진의 아버지 김성규(金星圭)의 부고 소식을 알렸다.[43] 결국 김영진은 사비유학생 출신으로 김성규의 아들이며 김옥균의 상속자(嗣子)일 뿐이었다.

김옥균의 부인 유씨(兪氏)는 1850년에 태어났는데 갑신정변 직후 양가파연(養家破緣)의 처분으로 어린 딸과 함께 죽음을 모면했다. 1895년 3월 내무아문은 김옥균의 처 유씨의 원정(原情)을 다음과 같이 고종에게 보고했다. 유씨에 따르면 "지아비는 재종숙인 고 참판 김병기의 후사가 되었는데, 갑신년의 변고를 만나 시가에서는 화를 면하기 위하여 파양(罷養)하였습니다. 만약 그 뒤라도 다시 후사로 삼았다면 다시 말할 것이 없겠지만 아직도 그러지 못하고 있으니, 지금의 사정은 완악한 목숨을 구차히 보전하여 조정의 처분을 기대하는 것입니다"라고 하였다. 조선 정부는 "이것이 지방의 사무이니 지방관으로 하여금 처리하도록 하되, 이미 전 예조의 품지에 대해 계하한 사안이니 다시 여쭈

지 않을 수 없습니다. 당시 예조의 계본에 준하여 원안을 말소하는 것이 어떻겠습니까?"라고 요청했고 고종이 "윤허한다"라는 칙지를 내렸다.[44] 사망한 김옥균은 부인 유씨의 노력으로 죽은 그의 양부 김병기의 후사로 다시 이어질 수 있었다. 김병기와 김옥균은 참으로 기구한 운명으로 죽은 다음에도 또다시 인연이 이어졌다.

3) 강릉에서 만난 풍경, 경포대

1882년 5월 20일 큰 비가 내려 그대로 강릉부(江陵府)에 머물렀다. 오후에 잠깐 개어 기생 7명을 불러서 같이 경포대(鏡浦臺)로 나가 잠시 유람한 다음 돌아왔는데 각 읍·역·참에 숙식을 제공했을 뿐만 아니라 모든 편의를 준비해 제공하도록 노문(路文)을 작성하여 발송했다.

이규원은 경포대(鏡浦臺)에 있는 숙종의 어제시를 기록했다.

> 물가의 난초(蘭)와 연안의 영지(靈芝)가 동서로 감싸고 안개가 십 리에 걸쳐 물 가운데 드리우네. 아침에 흐리고 저녁에 맑게 개어 천만 가지 모습을 보이니 바람에 맞아 술잔을 드는 흥취가 끝이 없어라.[45]

강릉대도호부(江陵大都護府)는 본래 예국(濊國)인데 철국(鐵國) 또는 예국(蕊國)이라고 불렸다. 고구려에서는 하서량(河西良) 또는 하슬라주(何瑟羅州)라고도 했다. 신라 경덕왕(景德王) 16년(757)에 명주(溟洲)라고 불렸다. 고려 충열왕(忠烈王) 34년(1308)에 강릉부로 개칭했는데 고려

공양왕(恭讓王) 원년에 강릉대도호부(江陵大都護府)로 승격시켰다. 조선 세조(世祖) 때에는 진(鎭)이 설치되었다.[46]

> 경포대는 강릉대도호부 동북쪽 15리에 있는데 경포호의 둘레가 20리이고, 물이 깨끗하여 거울 같다. 깊지도 얕지도 않아, 겨우 사람의 어깨가 잠길 만하며, 사방과 복판이 똑같다. 서쪽 언덕에는 봉우리가 있고 봉우리 위에는 누대가 있으며, 누대 수변에 선약을 만들던 돌절구가 있다. 경포대 동쪽 입구에 판교(板橋)가 있는데 강문교(江門橋)라 한다. 다리 밖은 죽도(竹島)이며, 섬 북쪽에는 5리나 되는 백사장이 있다. 백사장 밖은 창해 만리인데, 해돋이를 바로 바라볼 수 있어 가장 기이한 경치다. 경호(鏡湖)라고도 불린다. (『신증동국여지승람』)[47]

옛날부터 구전(口傳)으로 내려오는 경포팔경(鏡浦八景)이 있었다. 경포팔경은 호수 남쪽 신라의 화랑 영랑(永郞)이 노닐던 녹두정(綠荳亭=寒松亭)의 새벽 해돋이인 녹두일출(綠荳日出), 달빛 아래 호수와 바다를 죽도에서 조망하는 죽도명월(竹島明月), 호수와 바다를 상호 교차하는 강문교 인근 고깃배의 횃불을 보는 강문어화(江門漁火), 달이 바다에서 떠오를 무렵 초당마을의 밥 짓는 연기를 보는 초당취연(草堂炊煙), 강릉부사 조운흘(趙云仡)과 관기(官妓) 홍장(紅粧)과의 애절한 사랑 이야기가 전해지는 홍장암의 비 내리는 밤 풍경을 읊은 홍장야우(紅粧夜雨), 호수 서북쪽 시루봉 봉우리에서 해 질 무렵 바라보는 증봉낙조(甑峯落照), 경포 남쪽 환선정(喚仙亭)에서 신선의 피리소리를 읊은 환선취적(喚仙吹笛), 호수 남동쪽 한송사(寒松寺)의 인경소리를 읊은 한송모종(寒松暮鍾)

조선시대의 경포대 (국립중앙박물관)

등이 바로 그것이다.[48]

경포대 편액은 2장이 걸렸는데 해서체로 정면에 쓴 것은 헌종 때 대사헌 이익회(李翊會)의 글씨라 하고, 예서체의 경포대는 조선 후기 명필

유한지(兪漢芝)의 글씨라 했다. 또 하나 눈길을 끄는 글씨는 제일강산(第一江山)이었다. 북송의 서예가이자 산수화가인 미불(米芾)의 글씨로 알려졌다. 미불의 글씨 탁본 제일산(第一山)에 조선 후기 서예가 윤순(尹淳)이 강(江)을 써 붙여 만든 편액이라 했다. 경포대에는 숙종의 어제시, 강릉부사 조하망(曺夏望)의 중수상량문과 시, 이율곡의 경포대부(鏡浦臺賦), 관찰사 심언광(沈彦光)·심성조(沈星祖)·심영경(沈英慶) 등 여러 사람의 시가 걸려 있다.[49]

고려 충숙왕 13년(1326) 강원도 안렴사(按廉使) 박숙(朴淑)은 신라 사선(四仙)이 놀던 방해정 뒷산 인월사(印月寺) 터에 정자를 설치했다. 그 뒤 조선 중종 3년(1508) 강릉부사 한급(韓汲)이 지금의 자리에 경포대를 옮겨 지었다. 중종 19년(1524) 경포대의 주방(廚房)을 제외한 관사(官舍) 등을 모두 태웠는데 강릉부사 박광영(朴光榮)이 화재로 소실된 것을 다시 지었다. 영조 17년(1743) 강릉부사 조하망은 경포대가 홍수로 피해를 입자 크게 중수했다. 순조 14년(1814) 강릉부사 윤명렬(尹命烈)은 경포대가 화재로 소실되자 현판 등을 다시 중건(重建)했다.[50]

무엇보다도 고려시대 강원도존무사(存撫使) 안축(安軸, 1282~1348)에 따르면 강원도안렴사(按廉使) 박숙(朴淑)이 경포대의 정자를 만들었는데 자신도 정자의 '강릉부경포대기(江陵府鏡浦臺記)'를 지었다고 기록했다. 박숙의 증언에 따르면 "임영(臨瀛)의 경포대는 신라시대의 영랑선인(永郎仙人)이 놀던 곳이었는데 내가 마을 사람에게 명령하여 그 위에 작은 정자를 지었다. 당시 정자를 만들려고 흙을 파내다가 옛 정자 터를 발견했는데 주춧돌과 섬돌이 아직도 남아 있었으니 화랑 영랑이 놀던 곳을 발견한 것이었다"라고 했다. 이것은 경포대가 신라시대에도 존재했다는 사실을 의미한다.

안축은 경포대 정자에 직접 올라서 본 풍경을 다음과 같이 묘사했다.

앉아서 사방을 돌아보니 물의 먼 것은 큰 바다가 끝없이 넓어서 연기 같은 물결이 산처럼 높고, 가깝게는 경포가 맑고 깨끗하여 물결이 찰랑찰랑거린다. 산의 먼 것은 골짜기가 천 겹이나 되어 구름과 노을이 아득하게 보이고, 가깝게는 봉우리가 10리쯤 되어 수풀과 나무가 울창하다. 항상 갈매기와 물새가 나타나 오락가락 경포대 앞에서 한가하게 논다. 그 봄가을의 연기에 어린 달이 아침저녁으로 흐리고 맑음이 때에 따라 변화한다. 내가 오래도록 앉아 컴컴한 속에서 찾아보노라니 나도 모르게 막연하게 정신이 엉기어 지극한 맛이 한가하며 담담한 가운데에 있으며 고상한 생각이 기이한 형상 밖에 뛰어나서 마음으로는 홀로 알아도 입으로는 형용하여 말하지 못한다.[51]

경포대를 가장 정교하게 복원한 것은 1897년 6월부터 1899년 7월까지였다. 강릉부사로 부임한 정헌시(鄭憲時)가 누정(樓亭)의 득월헌(得月軒)과 후선함(候仙檻) 등을 설치한 시기였다. 당시 중추원의관 이남규(李南珪, 1855~1907)는 '경포대중건기(鏡浦臺重修記)'를 작성하면서 득월헌과 후선함의 명칭을 붙였다. 이남규에 따르면 경포대 정사(亭榭=樓亭)의 규모는 대략 몇 개의 영(楹)으로 이루어져 있는데 전에는 모두 다락이 있었으나 다만 동쪽의 다섯 영(楹)에만 없었다. 이번에 그 가운데의 세 칸에다 다락을 올렸는데, 전의 다락에 비하여 높았다. 그리고 남쪽과 북쪽에 각각 층루(層樓) 한 칸씩을 만들었는데, 남쪽은 이름하여 '득월헌'

이라 하고 북쪽은 '후선함'이라고 명칭을 붙였다.

이남규는 헌(軒)과 함(檻)이라는 이름을 지은 의미를 이렇게 설명했다.

> 대저 저 달로 말하면 눈이 있는 자는 누구나 그것이 비어서 밝은 것이라는 사실을 안다. 신선으로 말하면 그 존재 여부는 알 수 없지만 신선의 마음은 반드시 담연(淡然)하여 욕심이 없을 것이다. 그런데 지금 그 밝음[明]과 무욕(無欲)의 근본을 추구코자 하면서 달과 신선을 방편으로 삼아서 이름 지었다.[52]

5월 20일 이날 이규원도 경포대를 올라 다음과 같이 시를 남겼다.

> 위수(渭水, 黃河江의 지류)는 북쪽 땅을 질러 흐르고 형주(荊州, 黃河江 중류, 湖南省) 동정호(洞庭湖) 악양루(岳陽樓)의 한 귀퉁이가 동쪽바다[東溟]로 떨어져 떠다닌다.[53]

이규원은 경포대를 중국의 4대명루(四大名樓)인 악양루로 비유했는데 경포대 주변을 동쪽바다인 동해로 인식했다.

안축은 경포대의 즐거움이 '오묘한 이치를 얻는 것'이라고 깨달았고 이남규는 인간이 경포대에 올라 '밝은 마음과 무욕의 정신'을 배울 것을 권유했다. 이규원은 경포대 자체의 오묘함과 무욕을 느끼기에는 경포대에서의 체류 시간이 너무나 짧았다.

4. 이규원의 원주 도착과 고종 알현

1) 강릉부터 원주까지 여정에서 만난 인물과 풍경

1882년 5월 21일 날씨가 맑았다. 떠나면서 민폐(民弊)를 염려하여 가마꾼[轎軍] 4명을 사서 10리마다 각각 3전(錢)씩 서울에 가서 주기로 했다. 20리를 지나 구산역점(邱山驛店 *강릉시 성산면 구산리 면소재지)에 이르러 말에서 내린 후 대골령(大骨嶺 *현재 大關嶺 강릉과 평창 사이로 예로부터 고개가 험해서 오르내릴 때 '대굴대굴 크게 구르는 고개'라는 뜻)을 넘었다. 이 고개는 팔도(八道)에서 이름난 고개로서 마루턱이 셋이며 99 구비였다.

연자원(燕子院)을 지나 처음으로 연령점(鳶嶺店)을 넘으니 등에 땀이 배고 호흡이 가빠 잠시 쉬었다. 5리 남짓 가서 사리령(士里領)을 넘어 잠시 쉬고 다시 5리를 지나 고갯마루를 넘었다. 이곳은 5월에 얼음이 풀리고 7월이면 서리가 내리는 곳이었다. 동해와 영동(嶺東)의 여러 고을이 모두 발아래 펼쳐져 있으며 순식간에 바다 안개가 하늘을 가려 지척을 분간할 수 없었다.

10리를 가서 횡계역(橫溪驛 *평창군 도암면 횡계리)에 이르러 점심을 먹었는데 이 북쪽에 소금을 캐는 못이 있다고 했다. 말 위에서 좌우를 살피니 산 위에 들이 펼쳐져 있고 화전(火田)이 무수히 많았으며 인가(人家)가 늘어서 있었다. 어떤 사람들이 사는지 물어보니 함경도인(咸鏡道人) 30~40가(家)가 와서 산다고 했다. 말을 바꿔 타고 길을 떠나 20리를 지나 진부역사(珍富驛社 *평창군 진부면 진부리)에 이르러 묵었다.

5월 22일 비가 억수로 내렸으나 비를 무릅쓰고 억지로 길을 떠났다. 30리를 가서 청심령(淸心嶺), 오리령(烏里嶺)을 넘었는데 비바람이 계속해서 크게 일어 간신히 10리를 가서 대화역(大化驛 *평창군 대화면 대화리)에 이르러 점심을 들었다. 곧 길을 따라 40리를 지나 독령(禿領)을 넘으니 비가 조금 내리고 맑아졌다. 혹은 걷고 혹은 말을 타면서 10리를 지나 운주역(雲州驛=雲校驛倉 *평창군 방림면 운교리)에 이르러 묵었다. 횡천(橫川)의 탐리(探吏)가 와서 보았다. 내일 접대 준비를 생략하라고 분부해서 보냈다.

5월 23일 무신(戊申) 맑음. 길을 떠나 5리를 간 후 호령(弧狐)과 문령(門嶺)을 넘었다. 횡천현감(橫川縣監)이 사람을 보내 맞이했다. 30여 리를 지나 회령(檜嶺)을 넘고, 5리를 더 가서 오원역(烏原驛 *횡성군 우천면 오원3리 양달말)에 이르러 점심을 먹었다.

당시 아직 비가 내리지 않아 모내기하지 못하는 것이 매우 걱정되었다. 횡천현감 홍근주(洪謹周)[54]가 때마침 기우제로 치성을 드리느라고 바중하지 못했다. 10리 남짓 가서 지경평(地境坪)에 이르렀는데 온 들이 모를 내지 못했다.

10리를 가서 엄목치(嚴木峙)에 이르러 잠시 쉰 후 30리를 더 가서 원주(原州 *원주시 일산동)에 이르러 묵었다. 강원감사 남정익(南廷益)[55]이 인사를 전해왔고 판관(判官) 이규응(李奎應)[56]과 중군(中軍) 이규용(李圭鏞)[57]은 직접 와서 보았다.

정돈된 것으로 혼란을 기다리고 고요한 것으로 소란스러움을 기다리는 것, 이규원은 대관령과 사리령을 넘으며 동해와 영동(嶺東)의 여러 고을을 발아래로 보았지만 순식간에 바다 안개가 하늘을 가려 지척을 분간할 수 없는 그 순간을 체험했는데 그는 마음을 다스리려 노력했을 것이다.

2) 원주감영, 선화당

5월 24일 맑았는데 원주에 머물면서 울릉도의 지도를 준비시켰다. 울릉도 화본(畵本)을 넣을 무명 천[洋紗]을 구하고 책판을 다듬는 책공(冊工)을 시켜서 종이를 붙이도록 했다. 오후에는 강원감영 선화당(宣化堂)에 들러 노닐다가 나왔다.[58]

조선은 태조 4년(1395) 강릉도와 교주도를 합하여 강원도라 하고, 강원도의 행정중심지를 원주로 정하고 강원감영을 설치했다. 강원감영의 건물은 1592년 임진왜란으로 소실되었으나 1634년 원주목사(原州牧使) 이배원(李培元)이 재건을 시작했다. 1895년 강원감영은 조선 8도 제도를 23부로 개편함에 따라 그 기능을 상실했다. 1896년 이후 강원감영 본부는 원주 진위대 본부로 사용되었고, 1907년 진위대가 해산된 이후 원주 군청으로 사용되었다. 강원감영은 선화당을 비롯하여 포정루와 내아 등 40여 동에 달하는 모습이었다. 1873~1875년까지 윤병정(尹秉鼎)은 강원감사를 수행하면서 강원감영에 대한 대규모 공사를 실행했다.

강원감영이 있는 원주는 동문, 서문, 남문, 북문의 4대 외곽문이 있었다. 그다음 관찰사가 있는 선화당으로 들어가기 위해서는 포정문, 중산문, 내삼문을 지나면서 검사와 확인을 받아야 했다. 포정루(布政樓)는 강원감영으로 들어가는 정문으로 '관찰사가 백성을 위해 좋은 정책을 펼치고 실천하는지 바라본다'는 뜻이 담겼다. 각 기둥 사이가 3칸, 옆에서 보면 2칸이며 2층으로 만들어진 누각이었다. 중삼문(中三門)에는 '관동관찰사영문(關東觀察使營門)'이라는 편액이 걸려 있는데 각 기둥 사이가 5칸, 옆에서 보면 1칸이며, 지붕이 서로 마주보는 모양인 맞배지붕이었다. 내삼문(內三門)의 편액은 징청문(澄淸門)으로 '징청'이란 '몸과 마음이 아주 맑고 깨끗해서 나쁜 생각이나 탐욕스런 마음이 없다'는 의미가 있었다. 내삼문은 기둥 사이가 3칸, 옆에서 보면 2칸이며 맞배지붕이었다. 선화당(宣化堂)은 '임금의 덕으로 백성을 교화한다'라는 의미였는데 관찰사가 행정과 농사, 세금을 거두거나 재판을 수행하는 집무실이었다. 선화당은 1단의 화강석으로 만든 장대식 받침 위에 세워졌는데 각 기둥 사이가 7칸, 옆에서 보면 각 기둥 사이가 4칸이며 아름다우면서 웅장한 팔작지붕이었다. 선화당 안으로 들어가 보면 툇마루가 보이는데 툇마루 정면 왼쪽으로는 관찰사의 집무실이 있고, 오른쪽으로는 작은 문간방이 나란히 배치되어 있었다. 선화당 옆 내아(內衙)는 청운당(靑雲堂)이라고도 불리는데 1개의 큰 방과 4개의 작은 방으로 구성되어 관찰사 가족들이 생활했던 공간이었다.[59]

'백성을 위해 좋은 정책을 펼친다', '덕으로 백성을 교화한다', '탐욕스런 마음이 없다' 등등 감영문의 현판을 보면 조선시대는 이성으로 인간을 채찍질했던 흔적이 역력하다.

3) 원주에서 서울까지의 여정

1882년 5월 25일 아침 일찍 구만동(邱蔓洞) 총융사 정기원(鄭摠使)에게 가서 안부 인사를 하고 들어왔다. 원주 관문(關門)을 나서는데 관찰사(巡相), 판관(判官), 중군(中軍)이 와서 작별 인사를 나눴다.

30리를 지나 내창참(內倉站)에서 점심을 들었다. 다시 30리를 가서 지평(砥平) 모절참(母節站)에서 말을 먹이고 곧 떠나 30리를 지나 지평현(砥平縣 *양평군 지제면 지평리)에 이르러 묵었다. 원주 · 지평 · 여주 3읍의 경계에 삼각으로 모난 바위가 하나 있었는데 각각 1읍의 경계를 표시했다. 밤에도 행차했는데 불을 피우지 못해 사람과 말이 모두 피곤하여 크게 고생했다.

원주감영 포정루 (필자 촬영)

5월 26일 30리를 가서 작은 고개 둘을 넘어 양근(楊根 *양평군 양평읍 양근리)에 도착하여 점심을 먹었다. 이어 50리를 가서 광주(廣州) 봉안역(奉安驛 *남양주시 조안면 능내리 봉안마을)에 묵었다. 오늘의 고생은 어제보다 더욱 심했다.[60]

5월 27일 30리를 지나 양주(楊州) 평구참(平邱站 *남양주시 삼패동 평구마을)에서 점심을 들었다. 10리가량 더 가서 좌거(座車)와 일행을 입성(入城)토록 하고, 혼자서 말을 타고 영리(營吏)들을 거느리고 두모포(豆毛浦 *頭毛浦)의 미륵사(彌勒寺)에서 계본(啓本)을 작성했다. 평해에서 서울까지의 육로는 모두 880리였다.[61]

두모포(豆毛浦=頭毛浦)는 한강 본류와 중랑청의 두 물줄기가 만나는 포구였는데 그 위치는 현재 서울 성동구 옥수동이다. 두모포는 '두뭇개(두물개)'라 부르던 데에서 나온 지명인데 '독서당'과 별장 등이 있었다. 독서당은 중종(中宗) 시대 집현전을 되살린 것인데 관료들에게 '사가독서(賜暇讀書)'를 시키던 공직자 연수원이었다. 두모포는 경치가 좋아 동호(東湖)라고도 했다.[62]

미륵사(彌勒寺)의 위치는 옥수동 종남산 '미타사(彌陀寺)'임에 틀림없다. 그 이유는 미타사가 현재 옥수동에 미(彌)자로 시작하는 유일한 사찰이자 성수동 한강 주변에서 가장 오래된 사찰이기 때문이다. 미타(彌陀=阿彌陀)는 부처 중의 스승 부처로 사방정토(四方淨土)에 있는데 미륵(彌勒)은 석가모니가 열반에 든 이후 56억 7천만 년이 되었을 때 부처가 된다는 미래의 부처이다. 미타와 미륵은 부처님을 의미했는데 이규원이 미타를 미륵으로 잘못 기록했을 가능성도 있다.

미타사(彌陀寺)는 서울 성동구 옥수동 395번지 종남산에 자리한 대한불교 조계종 제1교구인 조계사(曹溪寺)의 직할 사찰로 달맞이공원 아래에 있다. 통일신라시대 진성여왕 2년(888)에 대원(大願)이 창건했고, 1115년 고려 예종 10년에 봉적(奉寂)과 만보(萬寶) 두 비구니가 지금의 금호동 골짜기에서 종남산(終南山)으로 절을 옮겨 극락전을 창건했다. 조선시대에 이르러 순조 7년(1827) 환신(幻信)이 무량수전을 완공했다. 철종 13년(1862) 조대비(趙大妃=神貞王后)의 하사금과 조진관(趙鎭寬)의 부지 기부로 불로 사라진 극락전을 다시 지었다. 고종 10년(1873) 비구니 성흔(性欣)이 불전과 요사(寮舍)를 고쳤고 1928년 선담(仙曇)이 7층 석탑을 세웠다. 사세가 번성할 당시에는 모두 9동 66칸의 건물이 있었다. 유물로는 1883년에 조성된 칠성탱화를 비롯하여 1887년에 학허(鶴虛)가 그린 아미타후불탱화와 현왕탱화, 1900년에 보암(寶庵)이 그린 신중탱화와 아미타후불탱화가 있다.[63] 지금도 미타사의 앞은 한강이 흐르고 뒤는 금호산이 그리고 동쪽에는 월출의 명소인 달맞이봉이 있다.

4) 다시 만난 고종, 그리고 이주정책

이규원은 미타사에서 검찰 관련 계본을 완성한 다음 1882년 6월 4일 창덕궁에서 사적으로 고종에게 보고했다. 그리고 6월 5일 공식적으로 만난 자리에서 고종은 이미 이규원이 보낸 서계(書契), 별단(別單), 지도(地圖) 등을 보았다고 밝혔다. 이는 이규원이 6월 4일에 이미 자료들을

보고했다는 것을 의미한다.[64]

이규원은 울릉도의 지형과 산세의 기복을 그린 그림도 제출했는데 토지의 비옥 척박과 백성이 살만한 곳, 섬의 산물, 조류 등을 일일이 구별하여 기록했으며, 울릉도의 어려운 상황도 보고했다. 정박 항구의 부족, 하층민(下民)의 전복과 약초 채취와 재배, 배의 건조 등이 바로 그것이다. 이규원은 울릉도 나리동 중심의 이주가 가능하고, 울릉도 개간과 토지 허용을 요청하면서 울릉도에 시장을 형성하면 성과를 얻을 수 있다고 주장했다.[65] 또한 봄에 상선이 울릉도에 들어와 나무, 고기, 미역, 약초 등을 상업적으로 활용하고 있다며 울릉도의 포구와 토산물의 내용을 상세히 보고했다.[66] 다만 이규원은 울릉도 섬의 둘레가 140~150리(里)이고 물길이 넓고 아득하여 거리(里數)를 측량할 수 없다고 보고했다.[67]

이와 같은 보고 내용을 이규원은 다음 날인 6월 5일 창덕궁 희정당에서 공식적으로 고종에게 보고했다. 그 자리에서 고종은 "수천 리나 되는 먼 길을 잘 다녀왔는가?"라고 물었고, 이규원은 "신이 울릉도를 검찰하라는 명령을 받고 수륙으로 수천 리를 무사히 다녀왔는데, 만일 임금께서 보살피지 않았다면 어떻게 가능했겠습니까?"라고 답변했다.[68] 그 자리에서 이규원은 영토수호를 위한 외교적 대응과 울릉도 이주정책 방안까지 고종에게 제안했다. 첫째, 이규원은 일본인이 울릉도에 송도라는 푯말까지 세운 것에 대해 강력히 항의할 것을 주장했다. 그 방안으로 주한 일본공사 하나부사 요시모토[花房義質]와 일본 외무성에 공식 서한을 전달할 것을 제안했다. 둘째, 이규원은 울릉도에 이주정책을 단계적으로 실시할 것도 제안했다. 그는 먼저 백성들이 살도

록 허락하여 취락(聚落)이 이루어지도록 조치한 다음에 본격적인 이주를 실행할 것을 주장했다.[69]

사람이 앞날을 고려하지 않으면 반드시 눈앞에 근심이 생기는 법이다. 좋은 계책을 사용하고 잘못된 계획을 수정하는 것은 봄비가 대지를 흠뻑 적시는 것과 같다. 이규원이 작성한 울릉도 이주정책은 한일 간의 분쟁을 사전에 방지하는 계책이었다.

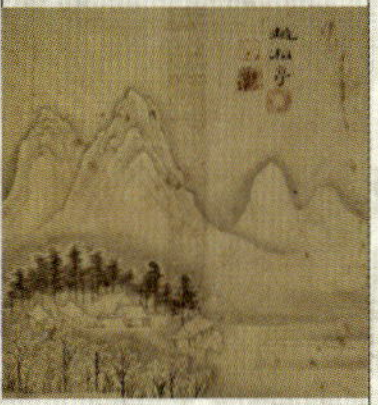

제5장

울릉도 검찰사 이후 이규원의 활동

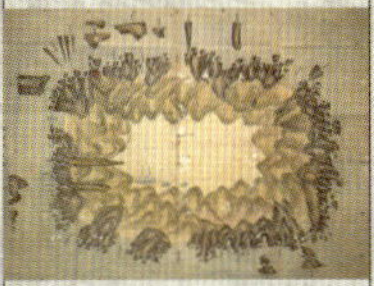

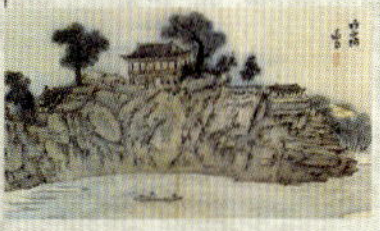

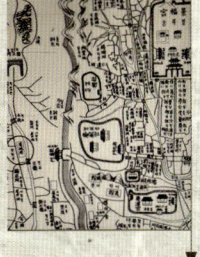

1. 1888년 함경남도 병마절도사

1888년 8월 이규원은 종2품 함경남도 병마절도사(咸鏡南道兵馬節度使)에 임명되었다.[1] 이 당시 이규원의 행적은 다양한 송덕비를 통해서 엿볼 수 있다.

1889년 12월 「원융이공규원거사비(元戎李公奎遠去思碑)」가 성대사(星代社)에 건립되었다. 「원융이공규원거사비」에는 이규원이 1888년 가을에 부임한 후 1년 동안 선정을 베푼 내용이 기록되었다.

북쪽 땅에 정치의 수행이 투명하고 간결했다. 불과 1년 사이에 군무를 모두 처리하고 교화를 크게 행하되 한 사람도 벌하지 않았다. 은혜

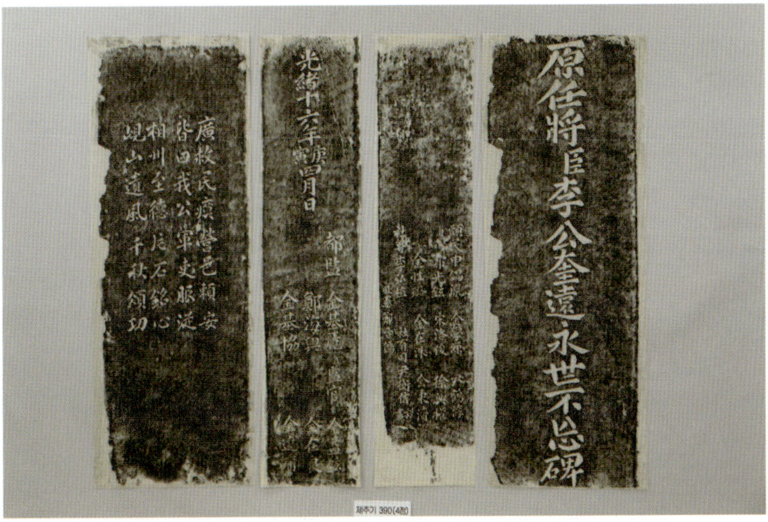

이규원 영세불망비 (국립제주박물관)

를 베풂과 동시에 위엄을 보이니 고질적인 병폐가 해결되었다. 군인과 백성이 안심하고 각각 생업을 얻었다.

이것은 이규원이 남병사로 부임한 지 1년 만에 그 지역 백성들의 신뢰를 얻었다는 것을 의미한다.

1890년 1월에는 「원임장신이공규원청덕거사비(原任將臣李公奎遠淸德去思碑)」가 건립되었는데 여기에는 이규원의 관직 이력, 남병사의 활동 과정, 이규원의 성품과 치적 등이 기록되었다. 경오년(1870) 단천부(端川府)의 빈민 구제, 병자년(1876) 통진부(通津府)의 외적 방어, 무인년(1878) 진도부(珍島府)의 분규처리, 임오년(1882) 여름의 울릉도 검찰, 임오년(1882) 가을 어영대장으로서 고종 호위, 계미년(1883) 총융사로서 군대 조련, 갑신년(1884) 해방총관으로서 우국과 애민의 정신 등이 담겨 있었다.

「원임장신이공규원청덕거사비」에 따르면 1888년 여름 도적들이 함경남도 본영을 소란스럽게 만들었다. 이규원은 고을에 누적된 폐해의 근원을 교정하고 백성을 구제하여 소통시킴으로써 안정시켰다. "백성을 깨우치기를 아버지가 아들에 대하듯 정성을 다하니 백성들이 크게 기뻐하여 성세의 기상을 보는 것 같았다." 이규원은 "타고난 대인군자로서 무거운 책임을 다하니 육체와 정신이 쇠진"할 정도로 업무에 최선을 다했는데 "은혜와 위엄을 동시에 베풀면서 관대했고 솔선하고 검약하여 백성의 말 못 할 어려움을 살폈다." 그는 부임하여 웃음으로써 백성을 대하였는데 십수 일이 지나지 않아 배반하여 흩어진 백성들이 흔쾌히 되돌아와 안착했다.[2]

1890년 4월 「절도사이규원해폐리정유혜비(節度使李奎遠海弊釐整遺惠碑)」는 십구진(十九津)에 건립되었는데 이규원의 세제 개혁 등이 구체적으로 기록되었다.

> 함경남도 북청(北靑) 백성으로부터 공부(公賦)를 수취함에 그 번거로움이 이미 이루 헤아릴 수 없었고 어민의 폐해도 막중했다. 청영(靑營, 함경남도)에 부임하여 불과 10여 일 만에 백성들의 소란이 잠잠해지고 경내가 안정되었다.

「절도사이규원해폐리정유혜비」에 따르면 이규원은 영관(營關)을 엄중하게 순회했는데 영관의 장교가 멋대로 뇌물을 거두는 온갖 폐해를 금지했다. 무엇보다도 함경남도의 화물세[下陸] 및 세금[穗稅] 등의 문제를 혁파시켰다. 그중 바닷가의 노동[居海]인 공납은 함경남도의 커다란 문제였는데 특별히 절목[節目]에서 삭제하여 영구히 불변하도록[永久不刋] 만들었다.[3] 이규원은 함경남도 백성의 여론을 청취하여 고질적인 적폐를 금지했다.

관원의 직책을 점검하고 번잡하고 쓸데없는 일을 근절하고 표면적인 형식을 탈피하며 실리를 추구한 것이다. 매사에 우유부단하고 과단성이 없으면 반드시 일에 시달리게 되고, 자질구레한 사건이나 잘못된 행위에 주의를 기울이지 않아 이를 바로잡지 못하면 반드시 큰 재난을 초래하게 된다. 이규원은 혼란을 다스리는 법을 잘 알고 있었다.

2. 1891년 제주목사 겸 찰리사 및 전라도수군방어사

1891년 8월 이규원은 제주목사(濟州牧使) 겸 찰리사(察理使) 및 전라도수군방어사(全羅道水軍防禦使)까지 겸직했다. 그는 임명된 다음 두터운 명망으로 제주도의 민심을 안정시킬 수 있었다.[4]

황현에 따르면 당시 제주도에서 민란이 발생해 제주목사를 쫓아냈는데 긴급한 상황에 직면한 고종은 위엄과 덕을 갖춘 "적합한 사람으로 이규원을 능가할 사람이 없을 것이다"라고 판단하여 그를 제주목사로 추천했다. 이규원은 그 지역 군사업무를 총괄하는 찰리사로도 임명되어 제주의 행정과 군사를 모두 총괄할 수 있는 강력한 직책을 부여받았다. 이규원은 제주도에 도착한 지 1년이 지난 후에 그 민란을 가라앉혔다.[5] 찰리사는 군무로 지방에 파견하는 관리였는데 이규원은 위기의 상황에서 문제를 해결하는 인물로 고종의 절대적인 신임을 받았다.

1891년 8월 20일 고종은 제주목사이자 찰리사인 이규원이 제주도로 출발하기 전에 면담했다. 그의 주요 임무는 첫째, 제주민란과 한일어업 문제를 해결하고 둘째, 제주 민심을 안정시킨 다음 군사훈련을 강화하는 것이었다. 이날 고종은 이규원의 임명 이유에 대해서 근래 제주도에서 소란이 발생했고 일본인과 서로 관련이 있기 때문이라고 밝혔다. 고종은 명성과 업적이 있는 이규원이 백성을 안정시키고 무마하는 방책을 찾을 수 있다고 칭찬했다. 감격한 이규원은 제주도의 풍습이 육지와 다르지만 "덕의(德意)를 선포하고 일마다 감독하고 신칙할 것이다"라며 최선을 다할 것을 다짐했다. 무엇보다도 고종은 제주도에서 군사를 양성하여 일본을 방어하는 방안을 이규원에게 물었다. 이규원은 향교의 관리[校任]를 제외한 모든 아전·장교·관노·사령들이 "군인[軍額]이지만 단지 훈련되지 못한 군사"라고 판단했는데 이들을 단속하고 훈련할 계획이라고 고종에게 답변했다.[6]

실제로 이규원은 제주도에 부임해서 다음과 같은 개혁을 실행했다.

첫째, 일본 어민과의 문제를 해결하려고 노력했다. 1892년 6월 3일 독판교섭통상사무(督辦交涉通商事務) 민종묵(閔種默)은 제주에서 일본의 어업문제에 대해서 제주목사 이규원의 보고서에 기초하여 주한 일본 변리공사(欽差辨理公使) 가지야마 데이스케[梶山鼎介]를 압박했다.

민종묵에 따르면 1892년 6월 1일 제주목사 이규원은 일본인이 고기잡이를 하면서 살인을 자행한 상황에 대한 제주도 관리의 보고에 기초하여 다음과 같이 기록했다.

이규원의 제주목사 시절 (이혜은 교수 제공)

1892년 2월 10일 남제주 정의현감(旌義縣監) 김문수(金汶洙)에 따르면 쓰시마[對馬島]의 고야나기 쥬키치[小柳重吉]와 나가사키[長崎]의 야마구치 게이타로[山口佳太郞] 등 144명이 크고 작은 선박 18척에 나누어 타고 와서 성산포(城山浦)에 정박하고 상륙해서 막을 치고, 고기잡이를 하면서 백성들의 생업을 침탈하고 있기에 민심이 소요했다. 1892년 3월 25일 정의현감에 따르면 상륙해서 막을 친 일본인이 총포를 가지고 마을을 지나가며 부녀자들을 겁탈하고 횡포를 부렸다. 마을 사람들이 놀라고 두려워 달아나고 숨고 있는 사이, 일본인이 쏜 탄환에 맞아 오본표(吳本杓)가 현장에서 사망했다. 정의현감은 교리(校吏)를 보내 민심을 위무하며 범인을 조사하고 추적하게 했는데 일본인은 서로 덮어 주고 숨겨 주며 어선 2척에 돛을 펼치고 즉시 달아났다. 1892년 4월 13일 제주판관(判官) 이경록(李庚祿)에 따르면 일본 어선 9척이 관하의 화북포(禾北浦)에 도착하더니 일제히 상륙하여 약탈을 자행했다. 마을 사람들이 놀라고 두려워하며 황급히 숨는 사이에, 김두구(金斗九)와 고동이(高童伊)가 탄환에 맞아 중상을 입었다. 그 배들은 돛을 달고 바다로 나가 사라졌다.

이처럼 제주백성이 참혹하게 살상을 당하여 장차 모두 흩어질 판이 되자 이규원은 주한 일본공사에게 조회하여 금지할 것을 민종묵에게 요청했다. 그 결과 독판교섭통상사무 민종묵은 일본 정부가 해당 범인을 조사해서 인명 살해에 대해 처벌하고 금으로 배상할 것을 주한 일본공사 가지야마 데이스케에게 요청했다. 민종묵에 따르면 일본인은 환도나 총 등의 군기를 휴대하고 상륙하여 도살을 자행했으니 공법(公法)

에 없는 불법을 저질렀다.[7]

민종묵은 1892년 4월 30일 가지야마 데이스케를 면담하면서 일본인의 가건물을 반드시 철거해야 한다고 요구했다. 가지야마 데이스케는 일본인의 성산포 지역의 가건물을 철거하도록 부산 주재 일본영사 나카가와 고지로[中川恒治郎]에게 전보로 지시했다. 하지만 그 후 1892년 6월 22일(양력 7월 15일) 가지야마 데이스케는 부산영사의 전보에 근거하여 조선 정부가 제주에서 일본인의 어업 활동까지 금지시켰다면서 제주에서의 일본어민 조업금지에 대한 철회를 민종묵에게 요청했다. 가지야마 데이스케에 따르면 이규원은 제주 지역 일본인의 가건물 철수뿐만 아니라 일본인의 어업 활동 금지까지 실행했다.

제주목사 이규원은 조선 정부의 관문에 근거하여 "일본 어선이 명령을 기다리지 않고 멋대로 가서 고기잡이를 하고 있으니, 즉시 장막을 철거하고 돌아가 소란을 일으키지 말라"라고 지시했다. 가지야마 데이스케는 한일조약에 근거하여 어업금지가 불법이라며 조선 정부의 관문을 회수하여 폐기시킬 것을 조선 정부에 강력히 요청했다.[8] 여기서 한일양국은 한일조약의 어업 지역 중 제주도가 전라도에 소속하는 것에 대해서 논쟁했다.

그 한일조약은 조일통상장정(朝日通商章程)과 조일통어장정(朝日通漁章程)이었다. 1883년 6월 22일(양력 7월 25일) 독판교섭통상사무 민영목과 변리공사(辨理公使) 다케조에 신이치로[竹添進一郞]는 조일통상장정을 체결했다.[9] 제41관은 일본 어선이 합법적으로 조선 연해에서 어업할 수 있는 매우 독소적인 조항이었다. 제41관에 따르면 조선 정부는 일본 어선의 전라도, 경상도, 강원도, 함경도 네 도(道)의 연해 어업을 허가했다. 일본 어선은 조선 연해에서 어업을 수행한 뒤 물고기를 판매할 경우 어세 등을 납부하면 합법적으로 어업에 종사할 수 있었다.[10] 그 후 어업세는 1889년 10월 조일통어장정에 규정되었다. "제41관 일본국 어선은 조선국의 전라도, 경상도, 강원도, 함경도 네 도(道)의 연해에서, 조선국 어선은 일본국의 히젠[肥前], 치쿠젠[筑前], 이시미[石見], 나가도[長門](조선해에 면한 곳), 이즈모[出雲], 쓰시마의 연해에 오가면서 고기를 잡는 것을 허가한다."[11] 따라서 조선과 일본 정부는 제주도가 전라도에 포함되는 것에 대해서 외교적 논쟁을 벌였다.

둘째, 이규원은 제주인의 경제생활을 안정시키고 민심을 수습하려고 노력했다. 먼저 추자도(楸子島)를 다시 제주도 영암군(靈巖郡)에 소속시켰고, 1893년 10월에는 추자도 지역의 토지세를 화폐로 대신 납부할 수 있도록 허락해 줄 것을 의정부에 요청했다.

이규원에 따르면 추자도는 본래 영암 지방에 속해 있다가 제주로 이속되었는데, 논이 없는 곳에서 세금을 쌀로 내는 것은 실로 처리하기 어려운 일이었다. 이규원은 추자도의 전결세(田結稅) 58결(結) 95부(負) 5속(束)에 대해서 매 결당 20냥씩 화폐로 상납할 것을 요청했다. 이에 고종은 승인했다.[12]

이규원은 제주도에 도착해서 규범을 최대한 준엄하게 설정했지만 관련자를 문책할 때는 가급적 관대하려고 노력했다. 1894년 1월 이규원은 제주 지역의 흉년으로 백성들의 삶이 피폐해지자 백성들을 구원할 것을 의정부에 요청했다. 그는 백성들을 구제하기 위해서 제주 세 고을의 여름 환곡(還穀) 8,958석과 가을 환곡 4,127석가량에 대해 상환 기한을 연기하고 공물로 받은 쌀[折米] 5,000석을 새롭게 요청했다. 그러자 의

정부는 제주도가 바다 멀리 있는 척박한 섬으로 흉년이 들어 민생이 매우 위태롭다고 인식했다. 의정부는 제주도의 환곡 상환 기한을 연장하도록 승인했는데 호남의 모종(某種) 곡식 중 1,000석과 돈 5,000냥을 급히 제주로 보내어 구제하도록 제안했다. 이에 고종은 승인했다.[13]

그 후 1894년 2월 3일 의정부는 제주목사 이규원의 임기가 끝났지만 성과를 이루도록 재임할 것을 요청했다. 의정부는 연임 이유에 대해서 "명성과 업적이 크게 드러나 백성들이 그가 떠나는 것을 애석해할 뿐 아니라 지금 진휼하는 정사가 한창 급하다"라고 밝혔다.[14]

1894년 9월 19일 의정부는 제주목사 이규원이 임기를 마치고 제출한 보고서를 검토했다.

> 제주도의 전 오위장(五衛將) 김응병(金膺柄)은 의로운 마음으로 전미(田米) 670석을, 이시영(李時英)은 전미 560석을 자원하여 제공했습니다. 전 현감 송두옥(宋斗玉)은 미(米) 100석을 스스로 준비했고, 판관 채귀석(蔡龜錫)은 봉미(俸米) 60석과 전미 70석을 스스로 마련했습니다. 작년 여름과 가을의 환곡(還穀) 6,765석 남짓은 흉년 뒤의 민정(民情)을 감안하여 절반만을 봉상(捧上)했습니다.

그러자 의정부는 "전 오위장 김응병과 이시영은 모두 관내의 수령 자리가 나면 추천하고, 전 현감 송두옥은 가자(加資)하고, 본주의 판관 채귀석은 승서(陞敍)의 은전(恩典)을 시행하는 것이 어떻겠습니까?"라고 제안했다. 고종이 승인했다.[15]

그 밖에 이규원은 말의 거래가 크게 감소하여 실수(實數)에 따라서

향현사 유허비 (제주특별자치구)

기록[定摠]하도록 의정부에 요청했다. 또한 향현사(鄉賢祠)에 유허비(遺墟碑)[16]를 설립했고 김노봉(金蘆峰) 흥학비(興學碑)[17]를 삼천서당(三泉書堂)에 건립했다. 이규원은 제주목사 시절 효행[孝烈]을 장려(獎勵)하고 폐해[弊瘼]를 혁파[革去]하고 연장자[高年]를 연회(宴會)하고 기민(飢民)을 진휼(賑恤)했다. 그럼에도 제주 속리(束吏)가 엄하지 못해(不嚴)서 백성이 그 폐해(其弊)를 받았다.[18]

너무 후하게 대하면 쓸모가 없어지고 지나친 사랑은 명령을 듣지 않게 하여 다스릴 수가 없으니 마치 자식이 멋대로 날뛰는 것처럼 된다. 이규원은 스스로 청빈하고 인자했지만 제주도 향리의 행동을 완전히 통제하기는 어려웠던 것으로 보인다.

3. 1894년 함경북도안무사와 1895년 경성부 관찰사

그 사이 제주목사 이규원은 1894년 7월 군무아문대신(軍務衙門大臣)에 임명되었지만 '신병(身病)' 등을 이유로 수행하지 않았다.[19] 1894년 11월 16일 또다시 군무아문대신의 직책을 수행할 수 없다고 거절하는 상소를 고종에게 올렸다. 이규원은 "제주목사(濟州牧使)로서 직책을 맡고 있은 지 4년이 되었지만 무거운 임무에 비해 재주가 부족하고 고생을 하고도 수완이 졸렬하여 일찍이 보답한 것이라곤 조금도 없다"라며 자신을 낮추었다. 이규원은 자신의 "성품이 본래 우활하여 도무지 세상사에 대해서는 알지 못하는데 군국기무(軍國機務)에 대한 논의는 바보가 꿈 이야기를 하거나 여름 벌레가 얼음에 대해 말하는 것보다도 더 현실성이 없다"라고 주장했다. 또한 고질병을 앓고 있는데 "병이 더욱 심해지는 바람에 음식을 전혀 입에 대지 못하고 몸과 정신이 있는 대로 지쳐서 약물로써 연명하고 있다"라고 밝혔다.[20] 이규원은 1894년 군부대신에 임명되었을 때 두 단계를 승진하여 종일품(從一品) 숭정대부(崇政大夫)가 되었다. 정인서에 따르면 이규원은 갑오개혁 관제가 일본을 모방한 것이며 일본의 제도도 서구의 제도라고 판단하고 관직을 수행하지 않았다.[21] 이규원은 갑오개혁 당시 중앙관직을 거절하며 간접적으로 김홍집 내각의 일본식 개혁에 저항했다.

그럼에도 1894년 12월 10일 이규원은 함경북도안무사 겸 병마수군절도사 경성도호부사 친군북영외사(行咸鏡北道按撫使 兼兵馬水軍節度使 鏡城都護府使 親軍北營外使)에 임명되었다. 갑오개혁 이후 함경도의 민심을 안정시키는 데 가장 적합한 인물이었기 때문이다. 고종의 교서(敎書)에 따르면 "12주(州)의 장관(長官)을 맡으려면 반드시 위망(威望)과 재략(材略)을 겸비해야 하는데 짐(朕)이 먼저 마음을 정하자 여망(輿望)이 귀결되었는데"라고 했다. 이는 정부의 여론이 이규원의 함경도 부임을 지지했다는 사실을 알려 준다.

이규원만이 문무를 온전하게 갖추었기에 은혜와 위엄으로 삼군(三軍)인 어영청(御營廳), 총융청(摠戎廳), 해방영(海防營)의 중요한 직책을 수행했다. 또한 울릉도, 제주도, 함경남도[靑梱], 제주도 지역에서 명성과 공적을 쌓았다.[22]

이규원은 어쩔 수 없이 함경북도에 부임했지만 지속적으로 사직 상소를 올렸다. 1895년 5월 29일 이규원은 행정구역이 변경됨에 따라 함경도 경성부 관찰사(鏡城府 觀察使)에 임명되었는데 을미사변 이후 1895년 11월 26일 고종의 은혜를 받아 지방관을 두루 거쳤다며 다음과 같은 사직 상소를 올렸다.

> 신은 현재 북쪽 지방을 맡은 지 1년이 되었습니다. 그런데 나이(*63세)가 이미 칠십에 가까워져서 약한 체질이 갑자기 노쇠해지고 병치레가 잇따르고 있습니다. 늘 기력이 없어 공무 수행에 차질을 빚고 있는데 그동안 게을러진 몸을 채찍질하여 은혜에 보답하고자 했을 뿐입니다. 경성부 관찰사의 직임을 속히 개차하시고 감당할 만한 이에게 다시 제수하소서.[23]

그러자 다음 날 고종은 경성부 관찰사 이규원의 사직을 승낙했다.[24]

그럼에도 아관파천 직후 이규원은 1896년 2월 다시 경성부 관찰사에 임명되었다.[25] 사직 이후 서울로 복귀하는 과정에서 건강이 호전되어 경성부에 부임한 뒤 열심히 사무를 보았다고 기록했다. 그럼에도 1896년 5월 이규원은 자신이 합당한 인물이 아니라며 또다시 사직 상소를 올렸다.

이규원은 함경도의 상황에 대해서 첫째, 백성들은 무모하기 짝이 없는 북방의 강한 기질에다 오랜 관습에 젖어 있었다. 둘째, 백성들의 어리석은 성품은 꿈쩍도 안 하여 깨우칠 수가 없고 조금이라도 거슬리는 것이 있으면 사사건건 떠들썩했는데 만일 평소 중망(重望)을 받던 사람이 아니면 교화시키기 어려운 실정이었다. 그런데 이규원은 자신의 병세에 대해서 "신이 앓고 있는 병의 증세가 그다지 중대한 일이 아니라서 일일이 써서 성상께 아뢸 겨를이 없습니다"라고 밝혔다. 이것은 그동안 이규원 사직의 결정적인 원인이 건강 문제가 아니라는 사실을 알려 준다. 고종은 "지난날 곧바로 다시 임용한 것이 어찌 아무 생각 없이 한 것이었겠는가. 경은 사직하지 말고 더욱 힘써 사무를 보라"고 지시했다.[26]

그 후 이규원은 경성부 관찰사를 수행하며 그 지역의 수재(水災)에 따른 백성의 구제에 힘썼다. 경성부 관찰사 시절 이규원의 활동은 다음의 자료를 통해서 확인할 수 있다.

1897년 함경북도 관찰사 이종관(李鍾觀)은 제5호 보고서에서 1896년 8월 19일 함경도 각 군에서 수재로 인해 물에 빠져 죽은 인명과 홍수에 파괴된 집들에 대해서 보고했다. 그때 관찰사 이규원은 관리를 파견하여 물에 빠져 죽은 백성을 구휼금 5냥, 완전 파괴된 가구를 매 호당 3

냥, 반쯤 파괴된 가구를 매호당 1냥 5전씩 배정하고 이름을 확인하고 나눠 줄 것을 지시했다.[27]

경성부 관찰사의 사직과 재임명이 거듭된 끝에 이규원은 1896년 7월 17일 중추원 1등의관(中樞院一等議官)으로 임명되었다.[28] 하지만 1897년 6월 3일 사직 상소를 올렸다. 이규원은 경성부에서 서울로 올라오는 길에 병을 얻어 고향 집으로 곧장 내려가 여러 달 동안 치료를 받았는데 1897년 5월 서울로 들어와서 중추원 의관의 칙지를 받고 명성황후의 빈전(殯殿)을 방문할 수 있었다. 이규원은 "방 안에서 움직일 때조차도 언제나 부축을 받아야 할 형편"이라며 공무를 수행할 수 없는 형편이라고 사직을 주장했다. 이에 고종은 승인했다.[29]

유능하면서도 무능한 체하고, 방법을 알면서도 쓰지 않는 척하며, 가까우면서도 먼 것처럼 행동한다. 이규원은 일본의 강요로 수립된 갑오정권에서 군부대신 임명을 회피하는 임기응변을 실행할 줄 알았다.

4. 함경북도 관찰사 임명과 사망

1899년 7월 27일 이규원은 궁내부특진관(宮內府特進官)에 임명되었다.[30] 그런데 궁내부 특진관 임명 직전 궁내부특진관 이희로(李僖魯)의 상소 사건에 연루되었다. 의정부 의정 윤용선(尹容善)은 정조 시기 벽파(僻派)의 영수(領首) 김종수(金鍾秀)의 손자 김규복(金奎復)을 도감감조관(都監監造官)으로 추천했는데 이희로는 윤용선을 탄핵하면서 이규원의 이름을 언급했다. 1899년 8월 29일 이규원은 자신과 관련 없는 일이라며 적극적으로 변호했다.

이규원은 평소 두려운 마음으로 금화 고향 집에 엎드려 지낸 지 여러 해가 되었는데 "뜻밖에도 자신의 성명(姓名)이 홀연히 죄수 이희로의 진술에서 나와 졸지에 구속될 상황이 되어 황급히 상경했다"라고 밝혔다. 이규원은 스스로 심문에 참여하여 적극적으로 해명했는데 억울한 죄명을 벗고 즉시 석방되었다. 그럼에도 이규원은 "자신이 편안하고 한가롭게 지내면서 남은 목숨을 보전할 수 있게 해 주신다면, 비록 죽는 날이라 하더라도 사는 때와 같을 것입니다"라며 사직 상소를 올렸다. 그럼에도 고종은 "지난 일은 끄집어낼 필요가 없으니, 경은 사직하지 말고 즉시 칙령을 받으라"라고 지시했다.[31]

벼슬을 내놓고 금화 고향집에 있는 지 얼마 지나지 않아 1900년 7월 19일 이규원은 함경북도 관찰사에 임명되었지만, 1901년 5월 스스로 상소하여 벼슬을 사직하고 금화로 돌아갔다.[32]

1900년 10월 4일 함경북도 관찰사 이규원은 길주(吉州)와 성진(城津)

에서 민요(民擾)가 발생하여 2명이 사망했다고 의정부 의정(議政府議政) 윤용선에게 보고했다.[33] 1900년 10월 11일 이규원은 일본인 사사모리 기스케[笹森儀助]가 경성에서 일본인 학교 설립을 요구하자 설립 허가에 대해서 의정부에 문의했다.[34]

1901년 5월 10일 함경북도 관찰사 이규원은 신병을 이유로 사직 상소를 올렸고, 스스로 함경북도 관찰사의 직책을 제대로 수행하지 못하고 있다며 다음과 같이 자신을 비판했다.

첫째, 교화(教化)는 백성들의 기쁨과 슬픔[休戚]과 관계되는데 제대로 시행되지 못했다. 둘째, 지방관[長吏]은 어리석은 관리를 퇴출시키고 현명한 관리를 승진시키며 잘못을 판가름해야 하는데 제대로 실행하지 못했다. 무엇보다도 이규원은 '구규(舊規)'와 '신식(新式)'의 온갖 폐단이 뒤엉켜 갖은 병폐가 많이 생기는데 스스로 보완할 방법도 모르고 다스릴 계책도 없다고 자책했다. 그는 전통과 근대가 공존하는 상황에서 자신이 해결할 수 있는 능력이 부족하다고 인정했는데 이는 이규원이 유교 지식인으로 근대의 변화를 수용하지 못하고 있음을 알려 준다.

당시 69세인 이규원은 "죽는 날이 얼마 남지 않아 정신이 없는데 물도 맞지 않고 담화(痰火, *가래와 열) 증세까지 수시로 나타나서 병석에 누운 채 무슨 일이 일어나는지도 거의 모를 정도"라고 주장했다. 또한 "관아 장부[簿牒]의 기한을 맞출 길이 없으며 현지 보고서[判署]가 매번 지체되었다"라며 거듭 사직을 요청했다. 이규원이 구체적으로 업무수행이 불가하다고 주장하자 고종은 사직을 승인할 수밖에 없었다.[35]

그 후 이규원은 1901년 11월 11일 강원도 금화군 금화읍 운장리(雲長里)에서 사망했다.

유익하지 않으면 움직이지 않고 위태롭지 않으면 싸우지 않는다. 국가의 이익에 부합되는 경우에만 행동하고 그렇지 못하면 정지한다. 그런 신념으로 이규원은 관직 생활을 마무리하려고 애쓴 것으로 보인다.

에필로그: 울릉도 이주정책

원대한 계획이 있으면 국가가 안정되고 원대한 계획이 없으면 국가가 위기에 놓이게 된다.(『제갈공명 병법』)

1880년대 초 일본인은 불법적으로 울릉도를 왕래하면서 삼림을 벌목했다. 그 상황을 조사하기 위해서 1881년 5월 22일 통리기무아문(統理機務衙門)은 "일본인이 울릉도에서 나무를 벌목하고 원산(元山)과 부산(釜山)으로 보내려고 한다"라며 이규원을 울릉도검찰사에 임명하도록 요청했다.[1]

1881년 5월 23일 이규원이 울릉도검찰사로 임명된 직후 조선 정부는 일본 정부에 본격적으로 외교적인 항의를 전개했다. 예조판서(禮曹判書) 심순택(沈舜澤)은 1881년 6월 일본인의 울릉도 불법 벌목에 항의하는 문서를 일본 외무경(外務卿) 이노우에 가오루[井上馨]에게 보내 일본 정부가 울릉도에서 일본인의 불법 행동을 금지시킬 것을 강력하게 요구했다.

그 내용은 다음과 같았다. 심순택은 "숙종 19년인 1693년(癸酉)에 일본인이 울릉도의 이름을 착오[錯誤]한 일로 여러 차례 문서가 왕복하다가 마침내 결정[歸正]"되었고 "일본 정부가 그 섬에 들어가서 어업을 영구히 허가하지 않겠다는 문서가 아직도 보관[掌故]되었다"고 주장했다. 심순택은 울릉도가 "삼한(三韓) 때부터 본국에 소속"되었고, "토지와 물산이 본국의 여도(輿圖)에 상세히 실려 있다"고 주장했다. 그는 조선이 수토관을 해마다 울릉도에 파견한 이유를 "옛 울타리[藩蔽]를 중히 여기고 강계(疆界)를 튼튼하게 하는 도리"라고 주장했다.[2]

그 결과 1881년 8월 20일 일본 외무경대리(外務卿代理)이자 외무차관(外務大輔) 우에노 가게노리[上野景範]는 울릉도에서 일본인의 불법행위 금지에 관한 내용을 예조판서 심순택에게 다음과 같이 보냈다. 우에노는 일본이 울릉도에 어채하는 것은 "경계에 들어갔기 때문에 금지할 수밖에 없는 도리에 어긋난 일"이라고 판단했는데 "곧바로 사실을 조사하여 양국의 후호(厚好)에 장애가 되는 일이 없도록 하겠다"라고 약속했다.[3] 또한 1881년 11월 일본 외무경 이노우에 가오루는 조선 정부에 답변서를 보냈다.

이노우에에 따르면 일본 정부가 조사한 결과 울릉도에 일본인이 거주했지만 현재 일본인 모두가 철수했다면서 "일본인이 법규에 어두워 번뜻하면 잘못을 답습하는데 이 뒤로는 다시 금령을 신칙하여 양국의 신의를 돈독하게"할 것을 약속했다.[4]

1881년 12월 4일 경리사(經理事) 이재면(李載冕)은 울릉도 불법 일본인을 "철수하여 돌아가게 하고 특별히 금령을 신칙하겠다"라는 일본 정부의 답변서를 받았다며 일본 외무성 2등속(外務二等屬) 소에다[副田節]에게 문서를 전달했다.[5]

이 과정에서 이규원은 1882년 4월 울릉도를 상세히 조사했다.

이규원은 1882년 4월 12일 원주목, 4월 20일 평해군에 도착했고 4월 30일 울릉도 서쪽 학포에 도착했다. 울릉도를 조사하고 출발한 이규원 검찰사 일행은 5월 13일 평해 구산포에 정박했다. 5월 15일 평해를 출발하여 동해안을 따라 5월 19일 강릉에서 숙박하였고, 5월 23일 원주에 도착하고, 25일에 출발하여 5월 27일 서울 인근에 도착했다. 6월 4일과 5일 창덕궁에서 다시 고종을 만났다. 이규원의 검찰 보고서와 면담을 통해 고종은 이규원의 단계적 울릉도 이주정책을 받아들였고 실행을 지시했다.

그뿐만이 아니었다. 고종은 1882년 6월 16일 삼군부(三軍府)가 일본인의 울릉도 불법 벌목을 항의하는 외교문서를 일본 정부에 보내자고 제안하자 승인했다. 삼군부에 따르면 울릉도검찰사 이규원은 일본인이 한쪽 구석에 막을 치고는 '송도'라 칭하면서 나무 푯말을 세웠으니 공문을 띄워 힐책하기를 요청(啓請)했다. 삼군부는 강역(疆域)을 신중하고 견고하게 지켜야 한다는 법칙을 준수해야 한다고 주장했다.[6]

1882년 6월 예조판서 이회정(李會正)은 일본인의 울릉도 도항 금지를 일본 외무경 이노우에 가오루에게 또다시 요구했다.

> 조선[敝邦]의 울릉도(鬱陵島)는 경계 사이에 있는 것이 아닙니다. 최근 일본인이 나무를 베고 자르는 일 때문에 서계(書契)를 보내서 일본

정부가 특별히 금지하기를 바랐습니다.

검찰사 이규원이 울릉도의 경계를 모두 살피고 돌아왔는데 일본인의 벌목과 고기잡이가 여전합니다. 법을 마련하고 완곡하게 타일러 엄격히 방지하여 전의 잘못을 금지하도록 하면 매우 다행이겠습니다.

이규원의 검찰사 활동은 대외적으로 한일 관계에서 일본인의 울릉도 도항 금지라는 일본 정부가 중앙과 지방에 반포하는 명령인 '유시(諭示)'를 이끌어 냈다. 1882년 12월 16일 일본 외무경 이노우에 가오루는 일본인의 울릉도 도항 금지에 대해서 태정대신(太政大臣) 산조 사네토미[三條實美]에게 다음과 같은 문서를 보냈다.

외무경 이노우에의 공(公) 제272호 문서에 따르면 1881년 7월 조선 정부는 "일본인이 조선에 속한 울릉도(蔚陵島)[일본인은 다케시마(竹島) 또는 마쓰시마(松島)로 부름]에 도항하여 함부로 벌목하고 있다"라고 조회하자 일본 정부는 "곧 금지하겠다"라고 답변했다. 1882년 6월 조선 정부는 또다시 일본인의 울릉도 도항 금지를 요청하는 문서를 보냈다. 이노우에에 따르면 첫째, "이후에도 일본인이 도항한다면 일본이 조선 정부와 교류하는 데 부적절하고 일본 정부의 금령(禁令)이 일본인에게 미치지 않음을 보여 줍니다. 따라서 주한 일본변리공사 다케조에 신이치로가 '조선 정부에 금지하겠다'라고 답장해야 합니다. 또한 일본 내무경이 각 부·현에 유시하도록 하시길 바랍니다." 둘째, 이노우에는 유시의 내용을 다음과 같이 작성했다. "울릉도에 대해 조선 정부와 의정(議定)한 연월을 삽입해서 종래부터 조선에 속했으며 특별히 오늘날에 정한 것이 아님을 인증(引證)하고 울릉도의 위치를 명시하여 도항을 금지한다." 셋째, 이노우에는 유시를 어기고 울릉도에 가서 개인적으로 매매하는 일본인을 일한무역규칙 제9칙에 따라 처벌하고, 수목을 도벌(盜伐)하는 일본인을 일본형법 제373조에 따라 처벌할 것을 제안했다. 넷째, 이노우에는 사법경(司法卿)이 각 재판소에 내훈(內訓)할 것을 제안했는데 일본외교관 기타지와 마사나리[北澤正誠]의 저서 『죽도판도고(竹島版圖考)(*기타지와는 송도=죽도=울릉도로 파악함)』를 제출하며 참고할 것을 제안했다. 이에 대해 1883년 3월 1일 태정대신 산조 사네토미는 이노우에가 상신한 문서를 승인했다.[7]

이규원의 검찰사 활동 이후 조선 정부는 단계적인 울릉도 이주정책을 다음과 같이 본격적으로 실행했다.

첫째, 1882년 8월 20일 영의정 홍순목(洪淳穆)은 울릉도 이주를 제안했고 고종은 이를 승인했다. 홍순목에 따르면 울릉도는 바다 가운데 외로이 떨어져 있는 하나의 미개간지이지만 땅이 비옥하다. 우선 백성을 모집해서 밭을 일구고 5년 후에 조세를 거두면 스스로 점차 취락(聚落)을 이룰 수 있다. 영남(嶺南)과 호남(湖南)의 조운선(漕運船)이 울릉도에서 재목을 베서 배를 만들도록 허락하면 백성들이 모여들 수 있다. 울릉도검찰사의 자문을 받아 도장(島長)을 임명하여 규율과 질서를 세우는 제도를 새로 만들어야 한다.[8] 이러한 결과 울릉도 첫 도장은 전석규(全錫圭)였다. 1882년 9월 6일 의정부는 울릉도 도장 전석규 임명을 통보하면서 강원감영에 거처를 마련하도록 지시했다. 1883년 3월 15일 의정부는 울릉도 이주와 관련하여 "진(鎭)을 설치하는 데 기틀이 되는 사업이 원대한 계책이 될 수 있도록 할 것"을 강원감영에 지시했다.[9] 전석규는 울릉도에 들어온 지 이미 10년이 넘은 경상도 함양의 사족 출신으로 약초 캐는 일에 종사했다. 그는 울릉도 지리에 익숙해서 사람이 살만한 곳과 각종 토산물을 상세히 알고 있었다.[10]

둘째, 1883년 4월 강원도관찰사 남정익(南廷益)은 울릉도 이주정책에 필요한 물자를 보고했다. 물자 공급을 위해서 선박 4척이 출항하고, 사공과 격군 40명, 목수 2명, 대장장이(冶匠) 2명 등의 인원이 동원될 예정이었다. 또한 벼(租) 20석, 콩(太) 2석, 조(粟) 2석, 팥(小豆) 등의 종자를 준비하고, 백미(白米) 60석, 소(牛) 2마리, 총(銃) 3자루, 화약(火藥) 3근 등이 준비되었다.[11] 1883년 5월 9일 전석규는 울릉도 이주를 위해 양식과 잡물을 싣고 평해군에서 울릉도로 출발했다. 1883년 6월 6일 강원감영은 평해군수의 보고를 의정부에 첩보했다. "필요한 선격, 양미, 잡물을 도장과 다시 상의하여 모두 2,260냥 9푼을 마련했다."[12] 1883년 7월 강원도관찰사는 울릉도 대황토포(大黃土浦) 4호, 곡포(谷浦) 5호, 추봉(錐峯) 2호, 현포동(玄浦洞) 5호 등 총 16호 54명이 이주했다고 보고했다.[13]

셋째, 1884년 3월 울릉도첨사(鬱陵島僉使) 겸 삼척영장(三陟營將), 1884년 6월 울릉도첨사 겸 평해군수, 1888년 2월 첨사(僉使)를 다시 도장(島長)으로 바꾸었는데 평해군 소속 월송진만호(越松鎭萬戶)가 울릉도 도장(鬱陵島島長)을 겸직했다.[14] 울릉도장은 1888년부터 3월 전후 매년 울릉도를 수토하여 기본적으로 지도와 토산물을 바치고, 신구호수·남녀인구·개간면적 등에 관한 보고서를 작성했다.

넷째, 1884년 7월 13일 고종은 울릉도 이주정책을 수행하기 위해서는 선박의 왕래가 중요하다고 판단했다. 신임 평해군수 신상규(申相珪)를 접견한 자리에서 신속한 선박 제조를 통해 교통수단을 확립하라고 지시했다. 신상규는 그 자리에서 총융사(摠戎使) 이규원을 통해서 울릉도에 관한 '방책'을 들었다고 밝혔다.[15] 이규원의 검찰 활동은 대내적으로 조선인의 울릉도 이주정책뿐만 아니라 교통수단의 강화를 위한 조치를 이끌었다.

그 후 조선 정부가 검찰사 이규원의 1882년 6월 보고서에 기초하여 본격적인 울릉도 이주정책을 실행했다는 사실을 고려한다면 1882년 이후 고종의 울릉도 정책은 '이주정책'이라고 부르는 것이 타당하다. 이러한 역사적 맥락 속에서 1894년 12월 27일 조선 정부는 울릉도 이주정책이 완성되자 울릉도에 관한 수색과 토벌의 정책을 완전히 폐기했다. 또한 1900년 10월 25일 대한제국 칙령 41호는 울릉도에 독도(石島=獨島)가 소속된 사실을 국내외적으로 선포했는데 이규원의 검찰사 활동에서 비롯된 울릉도 이주정책은 동해의 울릉도와 독도에 대한 한국의 영유권 강화에 기여한 것이다.

결국 이규원은 40년 동안의 관직을 수행하면서 고종에게 충성심을 바쳤다. 울릉도검찰사와 제주목사 시절 일본으로부터 백성과 영토를 지키려는 의지도 보여 주었다. 그뿐만 아니라 유교 사상의 충성과 충실에 기초한 충의사상(忠義思想)과 왕을 높이고 오랑캐를 배척하는 존왕양이(尊王攘夷)를 추구한 대표적 인물이었다. 반면 그는 동시대의 중요한 사건들을 숙지하고 추적할 수 있는 국제적 감각이 부족하다는 한계를 지니고 있었다.

만물이 끊임없이 늘어나는 이치는 하늘에 의해 생성되고 땅에 의지해 성장하며 사람을 통해 완성된다. 하늘의 법칙이 정상적인 상태에서 벗어날 때 전쟁이 발생하고 땅의 규칙이 문란해질 때는 만물이 시들어 죽으며 인륜이 정상적이지 못하면 각종 재난이 발생한다. 이규원은 하늘의 법칙이 흔들리던 고종 시대를 살아갔는데 그는 문(文)을 갖추면서 사랑과 의리와 예의로서 백성과 부하를 다스릴 줄 알았고 무(武)를 갖추면서 목숨을 바쳐 싸울지라도 비굴하게 살지 않으려고 노력했다.

후기:
연구 동향과 서지사항

기존 연구는 1882년 4월 이규원의 울릉도검찰사 활동 전후 일본의 울릉도 불법 벌목과 조선의 울릉도 개척이라는 부분을 주목했다. 또한 조선 정부가 울릉도 정책을 수토에서 개척으로 전환한 이유를 추적했다. 더 나아가 울릉도 주변 죽서에 대한 위치, 김옥균의 동남제도개척사겸관포경사(東南諸島開拓使兼管捕鯨事) 임명 과정, 울릉도 개척 이후 상황, 조일 어업협정 체결과 울릉도의 관계, 울릉도 불법 벌목을 둘러싼 조선과 일본의 외교 관계, 러시아와 일본의 울릉도 삼림권을 둘러싼 대립 등에 관한 연구가 진척되었다.[1]

1960년대 이규원의 『울릉도검찰일기(鬱陵島檢察日記)』가 일찍이 소개됐지만 다양한 자료에 기초한 본격적인 연구는 비교적 최근에 진행되었다. 그 이유는 이규원의 「계초본(啓草本)」, 「유사(遺事)」, 「비문(碑文)」 등의 다양한 자료가 2000년대에 정리되었기 때문이다.[2]

기존 연구는 이규원의 검찰 활동과 관련하여 울릉도, 우산도, 죽도, 송도, 도항 등에 관한 명칭을 정리하면서, 고종 시기 울릉도 개척의 의미를 살펴보았다.

울릉도와 독도의 명칭을 정리하면서 이규원의 울릉도검찰사 활동의 의미를 살펴본 기존 연구는 다음과 같다.[3] 먼저 김호동은 이규원의 울릉도 검찰 활동을 비판했다. 김호동에 따르면 이규원은 독도를 검찰하지 못했을 뿐만 아니라 현지에서 만난 사람들과 이야기를 나눈 흔적도 검찰일기에 보이지 않았다. 이규원의 검찰일기에는 우산도에 관한 언급이 없고, 울릉도 검찰 이후 고종과 이규원은 우산도에 관해 언급하지 않았다.[4] 송병기는 이규원의 울릉도 검찰 전후 조선 정부의 울릉도 정책 변화와 '개척' 과정, 울릉도를 둘러싼 조일관계를 상세히 고찰했다. 송병기는 이규원의 울릉도 검찰을 조선의 울릉도 '개척'의 결정과 이민의 시작이라고 평가했다.[5] 신용하는 이규원 검찰사 파견 이후 조선 정부의 울릉도와 독도의 '재개척'을 주목하면서 동남제도개척사의 의미를 파악했다. 신용하는 조선이 1882년 4월 이규원의 검찰사 파견으로 울릉도의 실태를 파악할 수 있었고 쇄환공도정책을 폐기하여 울릉도와 독도 '재개척'을 본격적으로 시작했다고 주장했다.[6]

기존 연구는 2010년대 조선의 영토와 해양 인식, 김옥균 관련 인물 연구, 1880년대 울릉도 벌목과 어업 연구로 발전했다. 박은숙은 1882년 조선의 울릉도 '개척' 과정 및 동남제도개척사 김옥균의 활동을 상세히 추적했는데 고종과 박영효 등이 울릉도 '개척'을 포함한 조선의 영토수호에 대한 의지를 갖고 있었다고 주장했다.[7] 박성준은 1880년대 울릉도 벌목 사업 체결을 통해서 조선의 해양 정책의 근거를 살펴보았는데

1880년 이전의 조선과 대조적인 울릉도 정책의 추진을 만국공법에 대한 인식 확대로 파악했다.[8] 그런데 당시 조선과 일본은 1880년대 울릉도 '개척'과 삼림채벌뿐만 아니라 울릉도 어업과 관련하여 대립했다.[9]

한편 울릉도에서 이규원의 지리적 조사에 초점을 맞춘 일련의 연구도 진행되었다. 정광중은 이규원 검찰사가 만난 인물들을 정리하면서 지리적 정보를 살펴보았는데 이런 기록이 '개척민'들을 이주시키고 일본 정부에 항의하는 기초 자료로 활용되었다고 주장했다. 정광중에 따르면 지리적 정보라는 관점에서 이규원의 검찰 결과는 첫째, 울릉도에 사람이 거주할 수 있는지의 여부와 관련된 내용이었다. 둘째, 사람들이 정착할 수 있는 장소와 포구 관련 내용이었다. 셋째, 산악지형과 해안지형의 요소와 관련된 내용이었다.[10] 이혜은은 이규원의 생애를 간략히 서술하면서 울릉도검찰일기에 나타난 자연환경과 인문환경 등을 살펴보았는데 울릉도의 거주지에 대한 추천이 중요한 인문지리적인 요소였다. 이는 지형, 경사도, 토양의 비옥도, 물, 가능한 산업까지를 고려한 결과였다고 주장했다.[11] 이혜은은 1882년 이후 울릉도의 지리경관 변화를 살펴보았는데 울릉도검찰사 이규원에 의해 울릉도 검찰이 이루어지고 '개척령'이 내려진 1882년부터 행정구역에 관한 변화가 이루어져 왔다고 주장했다. 개척기 동안에는 일본인에 의한 벌목, 나리분지를 비롯한 거주 지역의 경관 변화, 산신당의 존재, 교회의 형성 등 울릉도에 많은 변화가 일어났다.[12] 김기혁의 연구는 이규원의 이동경로, 현재의 지명과 이규원의 지명을 연결시켰다는 점에서 의미가 크다. 이규원의 검찰 활동은 '개척령' 반포를 전제로 한 것이므로 경로와 조사 내용 등이 이전의 정기적인 수토보다 지역 조사가 세밀하게 진행되었고, 이전과 달리 육로를 이용한 내륙 조사가 중심이 되었다. 조사 초기에 나리 분지를 탐험한 것은 이곳의 '개척' 가능성을 중시했는데, 이는 검찰 활동 후 별도로 나리 분지를 상세하게 그린 지도를 제작한 점에서도 잘 나타난다.[13]

최근 연구는 이규원의 전체 생애, 이규원 검찰의 의미, 전라도 지역과의 연계 등으로 확장되었다. 김기주는 전라도 지역과 울릉도와의 연관성을 본격적으로 추적했는데 울릉도는 관청의 간섭을 받지 않는 풍부한 목재의 공급처였고 선세의 부담을 물지 않으면서 배를 제작할 수 있는 곳이었다. 조선 정부는 공적인 조운선의 건조를 내세움으로써 동시에 '개척민'을 끌어모으는 방안을 생각해 낸 것이었다.[14] 양태진은 이규원의 울릉도 검찰 활동을 정리했는데 이규원의 울릉도 검찰의 의미를 다음과 같이 부여했다. 울릉도가 자도(子島)인 독도를 영속화(領屬化)하는 것은 자연스러운 것이었다. 이규원의 검찰 활동과 『울릉도검찰일기』는 울릉도가 조선의 영토임을 일본에 명확히 알리는 데 밑거름이 되었다.[15] 이흥권은 처음으로 이규원이 울릉도검찰사로 가는 과정, 이규원의 전반적인 생애를 추적했다.[16] 이흥권은 이규원의 확인으로 일본 쪽에 서계를 보내 일본인의 벌목을 금지시킬 것을 요청했다며 울릉도검찰사 이규원의 수토의 의미를 파악했다. 고종의 울릉도 관방정책은 전국 관방정책의 일환으로 울릉도를 '개척'하고자 하는 그의 영토수호 의지를 살펴볼 수 있었다.[17]

기존 연구는 울릉도검찰사 활동 전후 일본의 울릉도 불법 벌목, 조선의 울릉도 이주 이유, 울릉도 불법 벌목을 둘러싼 조선과 일본의 외교관계, 울릉도에서 이규원의 지리적 조사, 이규원의 전반적인 생애 등을 주목했다. 그럼에도 울릉도 조사 전후 이규원이 만난 인물, 이규원 가문의 활동과 연고지 등에 대한 연구가 여전히 미진한 상황이다. 따라서 필자는 이규원과 그의 주변 인물에 대한 사료를 발굴하면서 조선의 울릉도와 독도에 대한 인식을 주목했다. 이 책은 조선 정부의 울릉도 정책 및 이규원의 검찰사 임명, 고종의 울릉도 이주정책과 조선의 울릉도 관할, 울릉도를 둘러싼 일본과의 외교관계 등을 함께 추적했다.

한편 이규원 관련 기록과 소장처를 살펴보면 다음과 같다. 첫째 이규원은 울릉도검찰 관련 기록을 「계초본」과 『울릉도검찰일기』로 남겼다. 두 기록의 원본은 현재 국립제주박물관에 소장되어 있다.[18] 이규원은 『울릉도검찰일기』에서 1882년 5월 7일 소황토구미에 도착했다고 기록했다. 그런데 「계초본」에는 이규원이 쉬는 일정이 축소되어 기록되었다. 이러한 사실은 『울릉도검찰일기』에 기초하여 「계초본」을 작성했다는 것을 의미한다.[19] 정인서에 따르면 이규원은 울릉도검찰일기를 남겼는데 종이가 부분적으로 찢어졌고 글자에 덧칠함이 많아서 쉽게 알지 못한 상황이었다.[20] 그런데 이규원은 울릉도 보고서에서 빠진 것이 있다면 문장(文辭)의 문제라고 주장했다.[21] 이것은 두 가지로 해석할 수 있다. 하나는 이규원이 겸손함을 표현하려는 의도이다. 다른 하나는 혹시 보고서인 「계초본」에 사실이 누락되더라도 공격을 피하려는 의도이다. 둘째, 이규원의 행적과 활동을 기록한 정인서의 『만은공유사(晩隱公遺事)』 및 함경남도 병마사 시절 송덕비 등은 한국해양수산개발원에서 발간한 자료집에 수록되었다.[22] 이규원의 손자 이건춘(李建春)은 이규원을 기억하는 정인서를 찾아가서 이규원의 행적에 대한 기록을 부탁했다.[23] 궁내부 참서관 출신 정만조의 아들 정인서는 1962년 6월 『만은공유사』를 작성했다. 그 이유는 이규원이 1884년 해방사무총판(海防事務總辦)으로 임명되었는데 그 당시 정인서의 아버지 정만조가 해방군사마(海防軍司馬)로 이규원의 휘하에서 근무한 인연 때문이었다.[24] 이규원의 손자 이건춘은 1961년 11월 11일 이규원이 사망한 지 60주년을 기념하고자 집안에 보관하던 교지와 이력을 기록한 소책자와 수령으로 다스린 군읍에서 탑본하여 온 선정이나 거사의 비문을 모았다. 이를 바탕으로 집안 내에 대대로 알고 지내온 분들 중 가장 어른인 정인서가 이규원의 유사(遺事)를 기록했다.[25]

미주

프롤로그

1 "왜구(倭寇)가 안변부(安邊府)와 흡곡현(歙谷縣)을 노략질하고 사방으로 나가 노략하기를 무인지경을 밟는 것과 같이 하였다. 우왕(禑王)이 밀직제학상의(密直提學商議) 조준(趙浚)을 강릉교주도도검찰사(江陵交州道都檢察使)로 삼았다."[『高麗史節要』, 卷32, 禑王九年(1383) 十月] "검찰사(檢察使) 2원(員)을 차정(差定)하여 군사종사관(軍士從事官) 2원(員), 보정병(步正兵) 10명(名)을 거느리고 의금부 낭관(義禁府郎官)과 더불어 검찰(檢察)하게 하소서."[『世祖實錄』, 世祖 14年(1483) 2月 14日]

2 고종 시대 검찰사의 겸직을 받은 인물은 검찰사 겸 관서사령관(檢察使兼關西司令官)인 민영철(閔泳喆), 철도원감독(鐵道院監督) 겸 검찰사(檢察使) 강홍대(康洪大), 경의간 임시군용 철도검찰사(京義間臨時軍用鐵道檢察使) 육군참장(陸軍參將=소장) 홍순찬(洪淳瓚) 등이었다.[『高宗實錄』, 高宗 39年(1902) 7月 11日; 『高宗實錄』, 高宗 41年(1904) 8月 18日; 『高宗實錄』, 高宗 41年(1904) 9月 25日]

3 김영수, 2019, 『제국의 이중성: 근대 독도를 둘러싼 한국, 일본, 러시아』, 동북아역사재단, 177~179쪽. 수토관(搜討官) 관련 명칭이 나오는 사료는 다음과 같다. "則枚擧鬱陵島搜討官所報."[『高宗實錄』, 高宗 18年(1881) 5月 22日] "原營人張公源翼, 以搜討官來."(朴齊恩, 1870, 「越松萬戶張源翼永世不忘之板」, 『蔚珍 待風軒 懸板』)

4 그 결과 1894년 12월 27일 울릉도 이주정책은 수토정책을 완전히 대체했다[『承政院日記』, 高宗 31年(1894) 12月 27日] 조선시대 '이주(移住)'라는 용어는 다양하게 사용되었다. "江都糧儲不多, 而移住之初, 大小人員, 若無持糧."[『承政院日記』, 仁祖 5年(1627) 1月 26日] "卽見泰安防禦使申錫源移住狀啓."[『承政院日記』, 高宗 16年 (1879) 3月 5日] "兵使移住甲山, 以防犯越."[『肅宗實錄』, 肅宗 27年(1701) 2月 25日] "本家當爲移住於別宮近處."[『高宗實錄』, 高宗 3年(1866) 1月 17日]

5 蘇軾, 2013, 「後赤壁賦」, 『蘇東坡散文選』, 지식을 만드는 지식, 97~99쪽.

6 李奎遠, 1882.4.17, 『鬱陵島檢察日記』.

7 현재 주소는 다음과 같다. 湖北省黄冈市黄州区公园路11号 东坡赤壁(邮政编码: 438000)

8 선빠진, 2010, 「東坡赤壁」, 『삼국지 사전』, 현암사.

9 https://zh.wikipedia.org/wiki/长江

10 蘇軾著, 2013, 류종목역, 『蘇東坡散文選』, 지식을 만드는 지식, 135~160쪽; 왕수이자오, 2013, 『소동파 평전 중국의 문호 소식의 삶과 문학』, 돌베개; 조정육, 2022, 『그 사람을 가졌는가』, 아트북스; 조상현, 2006, 『18c 19c 그림속의 관동팔경』, 한서대학교출판부; 이성현, 2020, 『노론의 화가, 겸재 정선 다시 읽어내는 겸재의 진경산수화』, 들녘; 朴瑛子,1995, 「赤壁圖 研究」, 『역사와실학』 5·6, 318~319쪽.

11 스도 요시유키, 2018, 『중국의 역사 송대』, 혜안, 13~16, 56~57, 351~354쪽

12 1089년 11월 論高麗進奉장, 1090년 8월 乞禁商旅過外國狀, 1093년 2월 論高麗買書利害箚子三首: 한문수, 2017.9.2, 「소동파의 고려 금수론(禽獸論)」, 『한韓문화타임즈』.

13 姜慶熙, 2010, 「조선시대 東坡 赤壁賦의 수용」, 『中國語文學論集』 61, 423쪽

14 王維, 2014,「送別」,『王維詩選』, 지식을 만드는 지식, 105~106, 137~139쪽

15 朴瑛子, 1995,「赤壁圖 研究」,『역사와실학』5·6, 320~323쪽; 蘇軾著, 류종목 역, 2013,『蘇東坡散文選』, 지식을 만드는지식, 12, 74, 132쪽. 일을 하기 전에 완전한 계획을 구상해야 한다는 성죽재흉(成竹在胸)의 이론은 회화와 문학 창작에 적용되었다.

16 https://folkency.nfm.go.kr

17 金周淳, 2010,「蘇東坡〈赤壁賦〉對朝鮮漢詩的影響」,『中國文化研究』第16輯, 147쪽

18 蘇軾著, 류종목 역, 2013,『蘇東坡散文選』, 지식을 만드는 지식, 89~91, 99쪽

19 朴瑛子, 1995,「赤壁圖 研究」,『역사와실학』5·6, 330쪽

20 蘇軾著, 류종목 역, 2013,『蘇東坡散文選』, 지식을 만드는 지식, 97~98쪽.

제1장

1 李弼夏編, 1938,『全州李氏德泉君派譜』, 大田: 以文社, 20冊; 全州李氏德泉君派譜李象翼編, 1983,『全州李氏德泉君派譜』. 4冊, 全州李氏德泉君派宗會; 이혜은·이형근, 2006,『만은 이규원의 울릉도검찰일기』, 한국해양수산개발원, 8~11쪽.

2 申翊聖, 1654,「祭李留守 景稷 文, 祭文」,『樂全堂集』, 卷之十五. 전 오위도총부부총관(五衛都摠府副摠管) 신익성. 이경직은 선조 34년(1601) 사마시(司馬試)에 합격하고, 선조 39년에 증광문과(增廣文科) 병과(丙科)에 급제했다. 1617년 회답사(回答使) 오윤겸(吳允謙)과 함께 종사관(從事官)의 직책으로 일본에 다녀왔다. 광해군 14년(1622)에 명나라 장수 모문룡(毛文龍)이 가도(椵島)에 주둔(駐屯)했을 때에는 철산 부사(鐵山府使)로 있으면서 모문룡의 신임을 얻었다. 인조 5년(1627) 정묘호란 때에는 병조참판으로서 강화도(江華島)에 호종했다가 후금국(後金國) 사신과 교섭하여 화의를 성립시켰고, 동년 병자호란 때에는 남한산성에 있다가 청국(淸國)과 교섭하여 청 태종(淸太宗)의 칙서(勅書)를 받아오기도 했다. 그 후 호조판서, 도승지, 강화유수(江華留守) 등을 역임했다(李景稷, 1617,「扶桑錄」; 이익성, 1974,「扶桑錄」,『海行摠載』, 민족문화추진회).

3 "獨能晏然. 略無死生之念. 但於思量之間. 有更見父母重覲天顏八字. 自然萌於心上. 此是不知不覺間動念處也."(李景稷, 1617.7.7,「扶桑錄」)

4 李弼夏編, 1938,『全州李氏德泉君派譜』, 大田: 以文社, 20冊; 全州李氏德泉君派譜李象翼編, 1983,『全州李氏德泉君派譜』. 4冊, 全州李氏德泉君派宗會; 이혜은·이형근,『만은 이규원의 울릉도검찰일기』, 2006, 한국해양수산개발원, 8~11, 114쪽.

5 https://www.cwg.go.kr

6 『宣祖修正實錄』, 宣祖 25年(1592) 6月 1日.

7 『宣祖實錄』, 宣祖 26年(1593) 1月 17日.

8 『宣祖實錄』, 宣祖 26年(1593) 6月 5日.

9 『仁祖實錄』, 仁祖 15年(1637) 1月 6日.

10 『仁祖實錄』, 仁祖 15年(1637) 1月 28日. "금강산 길은 병자호란 때 평안감사 홍명구(洪命耉)가 전투 끝에 순절한 금화읍 '잣나무밭'을 거쳐 건천리 수태사(水泰寺) 입구로 이어진다. 금화의 주산인 오신산(五申山)에 있다. 평강군으로 넘어가면 정자연(亭子淵)이 있다. 주지하듯이 철원·금화·평강은 6·25 때 '철의 삼각지대'로 불리며 수많은 젊은 목숨이 사라졌다."(「오항녕의 조선 문명으로 읽다」,『중앙일보』, 2021.12.24) 평안도관찰사 홍명구 충렬비 및 평안도병마절도사 유림 대첩비는 김

화현 읍내리 630번지(천동)의 충렬사에 있다.

11 『駐韓日本公使館記錄(9)』, 1896년 2월 24일, 機密第14號「新政府의 現況報告」, 小村→西園寺 外務大臣臨時代理, 154쪽

12 『駐韓日本公使館記錄(8)』, 1896년 4월 29일, 機密第7號「러시아인과 日本人에 대한 폭도의 태도」, 元山 二等領事 二口美久→特命全權公使 小村壽太郎

13 "『駐韓日本公使館記錄(8)』, 1896년 5월 14일, 公第44號「京元 간 陸路開通 件」, 元山 二等領事 二口美久→特命全權公使 小村壽太郎

14 윤병석, 1981, 「대한제국의 종말과 의병항쟁」, 『한국사』 19, 탐구당, 363~366쪽. 하지만 을미의병은 1896년 겨울 급격히 약화되었다. 주한 일본임시대리공사(臨時代理公使) 가토는 1896년 11월 18일 의병(內地暴徒)이 약화되었다고 보고했다. 아관파천 이후 의병(폭도)의 활동이 9개월 만에 약화되었다. 최근 경상도 신흥면(新興面)에 출몰했지만 겨우 40명에 불과했다[『駐韓日本公使館記錄(11)』, 1896년 11월 18일, 報告第15號「施政一班 등 보고」, 加藤 臨時代理公使→大隈 外務大臣, 99쪽].

15 『무보(武譜)』[한국학중앙연구원 장서각(K2-1741)]; 이혜은·이형근, 2006, 『만은 이규원의 울릉도검찰일기』, 한국해양수산개발원, 130~133쪽.

16 http://people.aks.ac.kr. 함경도 단천부사(端川府使)[『高宗實錄』, 高宗 8年(1871) 10月 28日]. 경기도 통진부사(通津府使)[『高宗實錄』, 高宗 13年(1876) 1月 13日].

17 『倭使日記』 5, 丙子(1876) 7月 10日; 국사편찬위원회, 2016, 『사료 고종시대사』 8.

18 『京畿右防禦營啓牒謄錄』, 丁丑(1877) 10月 20日; 국사편찬위원회, 2016, 『사료 고종시대사』 8.

19 鄭寅書, 2006, 「晩隱公遺事」 『만은(晩隱) 이규원의 울릉도검찰일기(鬱陵島檢察日記)』, 한국해양수산개발원, 124쪽

20 『承政院日記』, 高宗 14年(1877) 6月 13日

21 『承政院日記』, 高宗 14年(1877) 7月 8日

22 『承政院日記』, 高宗 14年(1877) 7月 28日

23 의정부에 따르면 전 진도부사 이규원 등은 환전(還錢)을 체납한 것이 해가 오래 되고 수량이 많으니 어찌 중죄를 면하겠습니까.'라고 했습니다. 이것으로 조율하니, 죄가 각기 장 80은 수속하고 고신 3등을 추탈하는 데에 해당하며, 모두 사죄(私罪)입니다."했는데, 판부하기를, "그대로 윤허한다. 이규원은 공(功)으로 1등을 감하라."[『承政院日記』, 高宗 16年(1879) 9日 30日]

24 "善騎將李奎遠, 竝許用防禦使履歷."[『承政院日記』, 高宗 19年(1882) 1日 11日]

25 李弼夏編, 1938, 『全州李氏德泉君派譜』, 大田: 以文社, 20冊; 全州李氏德泉君派譜李象翼編, 1938, 『全州李氏德泉君派譜』. 4冊, 全州李氏德泉君派宗會; 이혜은·이형근, 2006, 『만은 이규원의 울릉도검찰일기』, 한국해양수산개발원, 8~11쪽.

26 "臣於辛己五月二十三日 猥荷鬱陵島檢察之 命."[李奎遠, 光緖八年(1882) 壬午 六月, 「啓草本」]

27 鄭寅書, 2006, 「晩隱公遺事」 『만은(晩隱) 이규원의 울릉도검찰일기(鬱陵島檢察日記)』, 한국해양수산개발원, 125쪽

28 민태호는 1875년 9월 운요호사건(雲揚號事件) 때 경기도관찰사를 역임했다. 1882년 임오군란 때는 강화유수로서 개화파 각료와 함께 그 가옥을 소각당했다. 1884년 3월경 민태호의 아들 민영익이 전권대신으로 미국·유럽 등지를 둘러보고 왔을 때 민영목(閔泳穆)·민응식(閔應植) 및 그 아들과 더불어 사민체제(四閔體制)를 구축해 세도의 극을 달렸다. 1884년 12월 갑신정변 때 김옥균 등 개화당 인사에 의해 민영목·조영하(趙寧夏)·이조연(李祖淵)·한규직(韓圭稷) 등과 함께 경우궁(景祐宮)으로 입궐하다가 참살당했다(http://encykorea.aks.ac.kr).

29 鄭寅書, 2006, 「晩隱公遺事」, 『만은(晩隱) 이규원의 울릉도검찰일기(鬱陵島檢察日記)』, 한국해양수산개발원, 125쪽.

30 경상좌도 병마절도사(慶尙左道兵馬節度使).[『高宗實錄』, 高宗 19年(1882) 7月 28日] 어영대장(御營大將).[『高宗實錄』, 高宗 19年(1882) 9月 24日] 총융사(總戎使).[『高宗實錄』, 高宗 20年(1883) 6月 22日] 해방사무총판(海防事務總辦).[『高宗實錄』, 高宗 21年(1884) 10月 20日] 동남개척사(東南開拓使).[『高宗實錄』, 高宗 21年(1884) 12月 17日] "총관기연해방사무(總管畿沿·海防事務)의 후임에 행호군(行護軍) 이규원(李奎遠)을 제수하다."[『承政院日記』, 高宗 21年(1884) 10日 20일]

31 배항섭, 2002, 『19세기 조선의 군사제도 연구』, 국학자료원; 최병옥, 2000, 『개화기의 군사정책연구』, 경인문화사

32 鄭寅書, 2006, 「晩隱公遺事」 『만은(晩隱) 이규원의 울릉도검찰일기(鬱陵島檢察日記)』, 한국해양수산개발원, 126쪽

33 『承政院日記』, 高宗 22年(1885) 3月 2日; 『備邊司謄錄』, 高宗 22年(1885) 3日 24日

34 黃玹, 1995, 甲午以前 上, 『梅泉野錄』 卷之一, 國史編纂委員會, 83쪽

35 黃玹, 1995, 甲午以前 下, 『梅泉野錄』 卷之一, 國史編纂委員會, 114~115쪽

36 영제(寧齊) 이건창(李建昌, 1852~1898). 강화학파(江華學派)로 할아버지는 병인양요 당시 자결한 이조판서 이시원(李是遠)이고, 아버지는 증이조참판 이상학(李象學)이다. 1890년 한성부소윤, 1893년 함경도 안핵사(按覈使) 등을 역임했다. 그는 갑오개혁 이후 황해도 관찰사(黃海道觀察使) 등의 모든 관직을 거부했다. 저서로 『明美堂集』, 『黨議通略』 등이 있다(권오돈, 1978, 『이건창전집』, 아세아문화사; 이건창, 2008, 『조선의 마지막 문장』, 글항아리; 이건창, 2012, 『당의통략』, 지식을 만드는 지식).

37 鄭寅書, 2006, 「晩隱公遺事」 『만은(晩隱) 이규원의 울릉도검찰일기(鬱陵島檢察日記)』, 한국해양수산개발원, 123~128쪽

38 조희순은 1839년 정시(庭試) 무과(武科) 급제. 선전관(宣傳官), 훈련첨정(訓練僉正) 등을 거쳐 1844년 정평부사(定平府使). 1864년(甲子) 1월 경기도(京畿道) 죽산부사(竹山府使)를 지냈다. 처는 문화유씨(文化柳氏)이고 3남 2녀를 두었다. 저서로는 『손자수(孫子髓)』와 『산학습유(算學拾遺)』, 『중농병유예별집(重農兵遊藝別集)』 등이 있다[『무보(武譜)』 地[한국학중앙연구원 장서각(K2-1741)]; 『팔도총록(八道總錄)』[국립중앙도서관(한古朝57-가527)]; 『承政院日記』, 高宗 20年(1883) 1月 27日; http://people.aks.ac.kr; https://www.jeju.go.kr; http://kostma.korea.ac.kr].

39 鄭寅書, 2006, 「晩隱公遺事」 『만은(晩隱) 이규원의 울릉도검찰일기(鬱陵島檢察日記)』, 한국해양수산개발원, 123쪽

40 조희순의 후손은 1906년 용봉사의 옛 터를 부수고 충청남도 홍성군 홍북면 신경리 산 80-1 용봉사 서쪽 바로 위에 조희순의 묘지를 만들었다. 『손자수』 관련 논문은 다음과 같다(조혁상, 2008, 「19세기 병서 『孫子髓』 연구」, 『군사사 연구논총』 5, 국방부 군사편찬연구소; 노영구, 2002, 「조선후기 병서와 전법의 연구」, 서울대학교 박사학위논문). 그의 아들 조지현(趙贊顯)은 1872년 10월 함경도(咸鏡道) 정평부사(定平府使), 1876년 12월 충청도(忠淸道) 충청도전영장(忠淸道前營將), 1881년 8월 황해도(黃海道) 풍천부사(豊川府使), 1893년 12월 내금위장(內禁衛將), 1895년 8월 의주부관찰사(義州府觀察使) 등을 역임했다[http://people.aks.ac.kr; 『『承政院日記』』, 高宗 30年(1893) 12月 26日].

41 http://kostma.korea.ac.kr; 한국일보, 2022.8.1.

42 조희순, 2016, 『손자병법 :손자수 孫子髓』, 傳統文化研究會, 23, 25~26쪽.

제2장

1 「鬱島山海錄」(檢察使李奎遠日記 逸失部分): 신용하, 2000,『獨島領有權 資料의 探究』, 3권, 독도연구보존협회, 9~20쪽. 「鬱島山海錄」은 울릉도검찰일기와 내용이 비슷한데, 1882년 4월 7일부터 16일까지 및 4월 20일부터 4월 23일 부분이 수록되었다(李奎遠, 「鬱島山海錄」; 신용하, 2000, 『獨島領有權 資料의 探究』, 3권, 독도연구보존협회, 11쪽).

2 나연숙, 2007, 「조선시대 평해로 연구」, 동국대학교교육대학원석사논문, 6~8쪽.

3 金正浩編, 1862~1866, 「程里考」, 『大東地誌』, 27卷, 25~26쪽(奎章閣, 古4790-37-v.1-15) (https://kyudb.snu.ac.kr/book/text.do) 1862~1866년 사이 김정호(金正浩)는 『대동지지(大東地志)』 27권 「정리고(程里考)」를 발간했다. 이 지리서는 『대동여지도(大東輿地圖)』와 짝을 이뤘는데 『동국여지승람(東國輿地勝覽)』의 오류를 수정하고 보완했다. 1861년 김정호는 첫째 목판본의 『대동여지도』 22첩(帖)을 편찬·간행했는데 성신여자대학교 박물관과 서울역사박물관에 각각 1본 소장되었다. 둘째 1864년에 재간한 22첩의 병풍식 『대동여지도』는 규장각 한국학연구원에 1본 소장되었다. 셋째 국립중앙박물관에 소장된 14첩의 필사본 『동여(東輿)』는 큰 글씨로 『대동여지도(大東輿地圖)』라고 쓰여 있다. 넷째 국립중앙도서관에는 필사본의 『대동여지도』 18첩이 남아 있다. 다섯째 일본국회도서관 소장 목판본은 모사본으로 우산도가 있다. 김정호는 실제로 가는 거리의 정보를 기초로 지도를 제작하였다.

4 金正浩編, 1862~1866, 「程里考」, 『大東地誌』, 27卷, 37~38쪽(奎章閣, 古4790-37-v.1-15)(https://kyudb.snu.ac.kr/book/text.do).

5 19세기 후반 도리도표는 현재 고려대학교 박물관과 국립중앙박물관 등에 소장되었다. (http://museum.korea.ac.kr; https://www.museum.go.kr)

6 『承政院日記』, 英祖 25年(1749) 12月 4日.

7 『英祖實錄』, 英祖 33年(1757) 8月 6日.

8 "今覽八道分圖, 尤極精該. 亦依全圖摸寫以進, 竝令摸置本館及備局."[『英祖實錄』, 英祖 33年(1757) 8月 9日].

9 "吾友鄭汝逸精思費力作百里尺較量成圖凡八編遠近凹凸悉得真形實奇寶也."(李瀷, 18세기, 「天地門」, 『星湖先生僿說』, 卷之一; 李瀷, 1977, 『星湖僿說』, 民族文化推進會, 40쪽).

10 https://www.museum.go.kr; 이기봉, 2011, 『조선의 지도 천재들』, 새문사.

11 金正浩編, 1862~1866, 「程里考」, 『大東地誌』, 27卷, (奎章閣, 古4790-37-v.1-15) (https://kyudb.snu.ac.kr/book/text.do).

12 李奎遠, 光緒八年(1882) 壬午 六月, 「啓草本」

13 『高宗實錄』, 高宗 19年(1882) 4月 7日; 『承政院日記』, 高宗 19年(1882) 4月 7日.

14 『高宗實錄』, 高宗 19年(1882) 4月 7日.

15 켄틴 스키너, 2012, 『역사를 읽는 방법』, 돌베개, 186쪽

16 1882년 4월 10일부터 4월 16일까지 이규원의 행적은 다음과 자료를 참고함. 李奎遠, 2000, 「鬱島山海錄」: 신용하, 2000, 『獨島領有權 資料의 探究』, 3권, 독도연구보존협회, 9~17쪽.

17 『高宗實錄』, 高宗 8年(1871) 4月 27日: Asaph Hall, 1906.4.18, Biographical Memoir John Rodgers 1812-1882. Read Before the National Academy of Sciences., pp.81-92.

18 『高宗實錄』, 高宗 19年(1882) 6月 18日. 원문에는 총융사 정(鄭)씨라고만 기록되었다. 신미양요 직후 정기원(鄭岐源)을 총융사(總戎使 *5군영의 하나. 경기 지역 군영 담당)로 삼았다.[『高宗實錄』, 高宗 8

年(1871) 9月 27日] 정기원(鄭岐源)을 삼도 수군통제사(三道水軍統制使)로 삼았다.[『高宗實錄』, 高宗 19年(1882) 9月 27日] 고 판서 정기원(鄭岐源)에게 장숙(莊肅) 시호(諡號)를 내렸다[『純宗實錄』, 純宗 3年(1910) 8月 26日]. 1864년부터 1882년까지 총융사를 역임한 정(鄭)씨는 정기원밖에 없다.

19 원문은 제천현감 '임병익(林秉益)'으로 잘못 기록되었다. "군위현감(軍威縣監) 임병익(林炳翼)과 제천 현감(堤川縣監) 정재범(鄭在範)을 서로 바꾸었다."[『承政院日記』, 高宗 18年(1881) 3月 21日]

20 李勉兢(1753~1812). 할아버지는 이광보(李匡輔)이고 아버지는 이성순(李性淳)이었다. 1805년에 호조판서가 되고, 이듬해 평안도관찰사·한성부판윤·사헌부대사헌을 거쳤다. 그 뒤로 형조판서·호조판서를 비롯하여 육조의 판서를 역임하고, 1812년에 의정부우참찬에 올랐다.(https://encykorea.aks.ac.kr/).

21 白居易[772~846], 「朱陳村」, 『長慶集』 10卷.

22 李奎遠, 「鬱島山海錄」: 신용하, 2000, 『獨島領有權 資料의 探究』, 3권, 독도연구보존협회, 18~21쪽

23 李奎遠, 1882.4.16, 『鬱陵島檢察日記』.

24 한국지명요람편찬위원회編, 1982, 『韓國地名要覽』, 건설부국립지리원; 『민족문화대백과사전』; 박정원, 조령 옛 지명은 '초점草岾', 『월간산』, 2021.2.23

25 李奎遠, 「鬱島山海錄」: 신용하, 2000, 『獨島領有權 資料의 探究』, 3권, 독도연구보존협회, 18~21쪽

26 蘇軾, 2013, 「後赤壁賦」, 『蘇東坡散文選』, 지식을 만드는 지식, 97~99쪽.

27 李奎遠, 1882.4.17, 『鬱陵島檢察日記』.

28 李奎遠, 「鬱島山海錄」: 신용하, 2000, 『獨島領有權 資料의 探究』, 3권, 독도연구보존협회, 18~21쪽

29 英陽郡編, 1899, 『英陽郡地誌』, 1冊, (奎10846) 산림자원이 풍부하며 특히 불갑산의 황장목이 단단하기로 유명하다. 관광지로 개발된 곳은 없지만 일월산과 반변천 중심으로 세심암·선유굴·송영당·초선대 등의 명소가 있다. 군의 동부와 북부에는 태백산맥이 뻗어내려 금장산(849m)·백암산(1,004m)·명동산(812m)·일월산(1,219m)·울련산(939m) 등이, 중앙부와 서부에는 흥림산(767m)·작약봉·영등산(509m) 등이 솟아 있다. 본래 신라의 고은현이었는데, 신라의 삼국통일 후 757년(경덕왕 16)에 유린군(영해)의 영현이 되었다. 고려초인 940년(태조 23) 영양군 또는 영양군으로 이름을 바꾸었다. 조선시대 1682년 영양현이 새로 설치되었다.

30 1822년생. 1858년 식년시(式年試) 문과(文科) 병과(丙科) 합격.(http://people.aks.ac.kr/) "경상좌도 암행어사 이도재(李道宰)의 서계를 보건대 전 영해 부사(寧海府使) 이만유(李晩由)는 읍내 사는 유생들이 연줄을 따라 교통하여 늘 세력을 믿고 행패하는 일이 많고, 송사하는 백성이 체결하고 뇌물을 주어 이따금 법리를 어기고 협잡하여, 관규(官規)가 이 때문에 문란하고 뭇 사람의 원망이 시끄럽게 따라 일어나니, 비록 자신이 범한 죄가 적으나 직분을 다하지 못한 책임을 면하기 어렵다고 했습니다. 파직하소서."[『承政院日記』, 高宗 20年(1883) 6月 4日] "정3품 이만유(李晩由) 종2품으로 승급시켰다."[『高宗實錄』, 高宗 39年(1902) 5月 5日] 이만유는 이규원보다 10살 이상 연장자였다.

31 李奎遠, 「鬱島山海錄」: 신용하, 2000, 『獨島領有權 資料의 探究』, 3권, 독도연구보존협회, 18~21쪽

32 李奎遠, 1882.4.19, 『鬱陵島檢察日記』.

33 이문열, 2020, 『젊은날의 초상』, 알에이치코리아; 『경북매일』, 2020.1.2

34 "유정(柳珽)을 평해군수(平海郡守)로 삼았다."[『承政院日記』, 高宗 17年(1880) 12月 29日] "어영파총

(御營把摠) 유정(柳珽)."[『承政院日記』, 高宗 20年(1883) 11月 1日] "유정(柳珽)을 겸사복장(兼司僕將, 정3품)으로 삼았다."[『承政院日記』, 高宗 21年(1884) 12月 14日] 이후 유정은 이규원의 검찰사 수행 이후 중앙군부 관직으로 복귀했다.

35 李奎遠,「鬱島山海錄」: 신용하, 2000,『獨島領有權 資料의 探究』, 3권, 독도연구보존협회, 18~21쪽

36 李奎遠, 光緖八年(1882) 壬午 六月,「啓草本」

37 平海郡守沈能武李玧翕永世不忘之板, 1870.7, 蔚珍 待風軒 懸板; 이원택, 2019,「울진 대풍헌 현판 영세불망지판류 자료의 해제 및 번역」,『영토해양연구』 18, 139~140쪽

38 朴齊恩, 越松萬戶張源翼永世不忘之板, 蔚珍 待風軒 懸板, 1870.7; 이원택, 2019,「울진 대풍헌 현판 영세불망지판류 자료의 해제 및 번역」,『영토해양연구』 18, 142~143쪽

39 신태훈, 2022,「수토사 인원구성과 지역주민의 역할에 대한 연구」,『삼척 수토사와 독도수호의 길』, 한국이사부학회 학술대회자료집, 114쪽

40 漢書의 註에 따르면 "秦나라는 1鎰(24兩)=1金이라 하였고, 漢나라는 1斤을 1金이라 했다."(조희순, 2016,『손자병법: 손자수孫子髓』, 傳統文化研究會, 46쪽) "한(漢) 나라는 금(金) 1근(斤)을 1금(金)이라 했다.『식화지(食貨志)』에 따르면 황금 1근의 값이 1만 전(錢)이다. 하휴(何休)의『공양전(公羊傳)』에 따르면 백금지어(百金之魚)를 주석하면서 1금에 1만 전(錢)이다. 한문제(漢文帝)가 1백 금(金)을 10집의 재산으로 삼았은즉 중인(中人)의 1집 재산은 10금을 지나지 아니하니 그 값은 돈으로 친다면 10만을 지나지 아니하다. 조선의 현행하는 돈과 비교하면 4~5만에 지나지 않을 따름이다."[백금(百金), 인사문(人事門), 성호사설 제9권] *1냥=10전.

41 方五, 1872.8,「永世不忘之板」,『蔚珍 待風軒 懸板』; 영남대독도연구소편, 2015,『울진대풍헌과 조선시대 울릉도 독도의 수토사』, 선인, 159쪽

42 李瑞球, 1888,「邱山洞舍記」,『蔚珍 待風軒 懸板』; 영남대독도연구소편, 2015,『울진대풍헌과 조선시대 울릉도 독도의 수토사』, 선인, 165쪽

43 "원희관(元喜觀)을 월송만호(越松萬戶)로 삼았다."[『承政院日記』, 高宗 17年(1880) 12月 26日]

44 李奎遠,「鬱島山海錄」: 신용하編著, 2000,『獨島領有權 資料의 探究』, 3권, 독도연구보존협회, 18~21쪽

45 1833년. 본관은 원주(原州). 신해(辛亥) 정시(庭試) 무과(武科) 급제.(http://people.aks.ac.kr) 병조는 금위영 파총(把摠)에 원세창(元世昌)을 단부했다[『承政院日記』, 高宗 20年 (1883) 11月 12日]. 금위영 파총 원세창(元世昌)은 지금 절충장군(折衝將軍)을 가자(加資)했다[『承政院日記』, 高宗 21年(1884) 3月 4日]. 첨지중추부사에 원세창(元世昌)[『承政院日記』, 高宗 21年(1884) 8月 18日]. 병조는 총어영 천총에 원세창(元世昌)을 단부했다[『承政院日記』, 高宗 27年(1890) 1月 17日].

46 중국 주(周)나라 태공망(太公望)이 위수(渭水)에서 낚시를 하다가 황옥(璜玉)을 얻어 주문왕(周文王)을 만나는 고사, 후한(後漢) 광무제(光武帝) 연간에 지금의 산동지방에서 한 초부가 제택(濟澤)에서 낚시를 하던 고사에서 유래.

47 훈련도감(訓鍊都監)은 훈련대장(大將, 종2품) 중군(中軍, 종2품) 1인, 별장(別將, 정3품) 2인, 천총(千摠, 정3품) 2인, 국별장(局別將, 정3품) 3인, 파총(把摠, 종4품) 6인, 종사관(從事官, 종6품) 6인, 초관(哨官, 종9품) 34인 등의 장교가 있었다. 금위영은 1682년 훈련도감의 군병(軍兵)을 축소하며 서울방위를 위해서 설치했는데 대장(大將)과 중군(中軍), 기사 지휘관인 별장, 보병 지휘관인 천총(千摠) 등이 있었다. 그 밑에 기사를 직접 지휘하던 기사장(騎士將)이 있고, 향군(鄕軍) 5사를 관할하던 파총(把摠, 종4품)이 있었다[『肅宗實錄』, 肅宗 8年(1682) 3月 16日; 『肅宗實錄』, 肅宗 45年(1719) 8月 13日].

48 정수현(鄭秀鉉, 1813~1877). 본관은 광주(光州). 1837년 무과(武科) 급제, 훈련원(訓鍊院) 주부(主簿), 선전관(宣傳官), 강령현감(康翎縣監), 평해군수(平海郡守), 정평부사(定平府使), 강원도 중군(中軍), 경기도 백령첨사(白翎僉使)(http://people.aks.ac.kr/).

49 정수현의 묘소(墓所)는 경북 울진군 평해읍 학곡리 후록 손좌(巽坐). 아들은 정제민(鄭濟民)과 정제홍(鄭濟弘)이었다.(https://cafe.daum.net/gjjung/B80u) "계사(癸巳) 정시(庭試) 병과(丙科)."(http://people.aks.ac.kr)

50 李奎遠, 1882.4.23,『鬱陵島檢察日記』.

51 "흥해군수(興海郡守) 조희완(趙羲完)."[『承政院日記』, 高宗 18年(1881) 7月 14日] 조희완은 1831년생. 무오(戊午) 식년(式年) 무과(武科) 급제.(http://people.aks.ac.kr) "훈련원 정(訓鍊正)"[『承政院日記』, 高宗 20年(1883) 6月 25日] 함경 감사 정기회(鄭基會)가 장계를 올려는데 "함경 중군(中軍) 조희완(趙羲完)은 스스로를 단속하는 데 청렴하고 일에 임해서는 상세히 살피며, 성(城)을 수선하고 간악한 일을 그치게 하였으며, 또한 술 담그는 것을 금하고 난잡한 일을 물리쳤습니다. 그리하여 뭇 사람들의 마음이 그가 떠나는 것을 아쉬워하고 있습니다. 해당 조로 하여금 품처(稟處)하도록 하소서."[『承政院日記』, 高宗 21年(1884) 11月 2日] "조희완(趙羲完)을 훈련원 도정(都正)."[『承政院日記』, 高宗 31年(1894) 1月 28日]. 훈련원은 정2품 지사(知事) 1명과 정3품 당상관인 도정 2명, 정3품 당하관인 정(正) 1명과 종3품인 부정(副正) 2명, 종4품 첨정(僉正) 2인, 종5품 판관(判官) 2인, 주부(主簿, 종6품) 2인 등으로 구성되었다.

52 李奎遠, 1882.4.25,『鬱陵島檢察日記』.

53 유도수(柳道洙, 1820~1889). 본관은 풍산(豊山). 경상북도 안동에서 태어났다. 증조부는 병촌(屛村) 유태춘(柳泰春)이고 조부는 태계(迨溪) 유숭조(柳崧祚)이고 부친 유진구(柳進球)였다. 7세에 곡구(谷口) 유낙기(柳樂祈)에게 배웠고 그 후 계당(溪堂) 유주목(柳疇睦)의 문하에서 배웠다. 박최수(朴最壽)·김세호(金世鎬)·김창준(金昌濬)·조만혁(趙萬赫)·한규직(韓圭稷)·원세창(元世昌) 등 여러 지방 인사들과 교유했다.(http://people.aks.ac.kr) "유도수는 길주목(吉州牧)에, 이학수는 초산부(楚山府)에, 이상철은 갑산부(甲山府)에, 서승렬은 벽동군(碧潼郡)에, 모두 원악지(遠惡地)를 배소로 정하여 즉시 압송할 것입니다."[『高宗實錄』, 高宗 12年(1875) 3月 6日]

54 설석규, 2009,「조선시대 영남유생(嶺南儒生)의 공론형성(公論形成)과 류도수(柳道洙)의 만인소(萬人疏)」,『퇴계학과 유교문화』 44.

55『承政院日記』, 高宗 19年(1882) 6月 28日

56『承政院日記』, 高宗 19年(1882) 7月 28日;『承政院日記』, 高宗 19年(1882) 8月 13日;『承政院日記』, 高宗 19年(1882) 9月 24日.

57 李奎遠, 1882.4.26,『鬱陵島檢察日記』.

58 https://encykorea.aks.ac.kr

59 이인숙, 2019,「석재(石齋) 서병오(徐丙五, 1862~1936)의 기생 이름을 명시한 시서화 연구」,『사림』 68, 277쪽

60 石齋 서병오, 2011.10.12, 2011.11.9, 2012.3.28, 2012.4.11,「석파 이하응과 석재, 석재의 중국 주유, 석재와 풍류」,『영남일보』;『承政院日記』, [純宗 2年(1908) 7月 3日(양력7.30)];『承政院日記』, [純宗 2年(1908) 9月 14日(양력10.8)]; 노대환, 2002,「민영익의 삶과 정치활동」,『한국사상사학』 18, 491~493쪽. 석재 관련 저서는 다음과 같다. 이인숙, 2018,『석재 서병오 필묵에 정을 담다』, 중문출판사; 심후섭, 2019,『팔능거사 석재 서병오』, 민속원; 김봉규, 2020,『석재 서병오』, 만인사.

61 "원희관(元喜觀)을 월송 만호(越松萬戶)로 삼았다."[『承政院日記』, 高宗 17年(1880) 12月 26日] "원희

관(元喜觀)을 은계찰방(銀溪察訪)으로 삼았다."[『承政院日記』, 高宗 23年(1886) 12月 26日] "원희관(元喜觀)을 금교찰방(金郊察訪)."[『承政院日記』, 高宗 24年(1887) 12月 8日]

62 李奎遠, 1882.4.27, 『鬱陵島檢察日記』.

63 『世祖實錄』, 世祖 1年(1419) 9月 11日; 『世祖實錄』, 世祖 3年 10月 20日; http://dh.aks.ac.kr/sillokwiki.

64 『世宗實錄』, 世宗 1年(1419) 8月 1日; 『日省錄』, 高宗 2年(1865) 12月 3日; 김영수, 2019, 『제국의 이중성』, 동북아역사재단, 177~178쪽

65 李奎遠, 1882.4.27, 『鬱陵島檢察日記』.

66 오항녕, 2021.12.24, 「금강산 유람이 조선의 로망, 겸재 그림은 선물보따리」, 『중앙일보』.

67 曺兢燮, 1929, 「冠遊錄序」, 『巖棲集』 19卷. 조긍섭(1873~1933)은 고종시대 영남 유학자였다.

68 월송정은 원래 경북 울진군 평해읍 월송리 302-3번지 일원에 위치했는데 현재 그곳에서 약 450m 떨어진 경북 울진군 평해읍 월송리 362-8번지에 복원되었다. 1326년(충숙왕 13) 강원도 존무사 박숙정은 월송정이 아니라 취운정을 창건했다.(심현용, 「관동팔경 월송정의 창건과 유래」, 『博物館誌』 25, 121쪽)

69 "越松亭. 在郡東七里. 蒼松萬株, 白沙如雪. 松間螻蟻不行, 禽鳥不棲. 諺傳新羅仙人述郎等遊憩于此."(『東國輿地勝覽』, 1481)

70 "越松亭. 在越松鎭. 蒼松萬株, 十里白沙."(金正浩編, 1862~1866, 『大東地誌』)

71 심영옥, 2019, 「겸재 정선의 청하연감 시절 회화 업적 연구」, 『동양예술』 45, 188~190쪽. 심현용에 따르면 가장 유력한 것은 화랑들이 이곳의 아름다운 경치를 알지 못하고 모르고 지나쳤기 때문에 '넘을 월(越)'을 사용하여 정자 이름을 지었다는 것이다(심현용, 「관동팔경 월송정의 창건과 유래」, 『博物館誌』 25, 121쪽).

72 이한성, 2022.1.28, 「겸재 그림 길 (93) 월송정」, 『CNB저널』.

73 심영옥, 2019, 「겸재 정선의 청하연감 시절 회화 업적 연구」, 『동양예술』 45, 188~190쪽

74 "沙外鯨濤柳外潭, 美人歌曲挽歸驂 槎詩 槎川 李秉淵."[이한성, 2022.1.28, 「겸재 그림 길 (93) 월송정」, 『CNB저널』] 이병연의 저서로는 『사천시초(槎川詩抄)』(1778)가 있다[李秉淵, 「해제」, 『사천시초(槎川詩抄)』, 한국문집총간 57(奎1267)].

75 오주석, 1999, 『옛 그림 읽기의 즐거움』, 솔출판사, 256, 264쪽

76 이보라, 2010, 「朝鮮時代關東八景圖의 硏究」, 『美術史學硏究』 266, 59~160, 186쪽

77 최완수, 1994, 「서울의 옛그림」, 『서울학연구』 1, 109쪽; 심영옥, 2019, 「겸재 정선의 청하연감 시절 회화 업적 연구」, 『동양예술』 45, 176쪽

78 오주석, 1999, 『옛 그림 읽기의 즐거움』, 솔출판사, 256, 246~48쪽

79 안휘준, 2012, 「겸재 정선(1676~1759)과 그의 진경산수화 어떻게 볼 것인가」, 『역사학보』 214, 17~18, 24쪽.

80 박은순, 2014, 「謙齋鄭敾의 眞景山水畵와 西洋畵法」, 『美術史學硏究』 281, 64~66, 88쪽

81 최병식, 2002, 「겸재 진경산수의 화법과 사상적 특징」, 『동양예술』 6, 166, 190쪽.

82 "조선시대 악(嶽)·해(海)·독(瀆)은 중사(中祀)로 삼고, 여러 산천(山川)은 소사(小祀)로 삼았다. 백두산(白頭山)은 모두 옛날 그대로 소재관(所在官)에서 스스로 실행했다."[『太宗實錄』, 太宗 14年(1414) 8月 21日] 악해독은 악(岳)이 산악에 대한 제사, 해(海)는 동·서·남해 신에 대한 제사, 그리고 독(瀆)은 대강에 대한 제사를 말한다. 동해의 제의(祭儀)에 대해서는 다음을 참조. 김도현, 2023.6.30, 「울릉도 수토 기록을 통해 본 東海에서의 祭儀 연구」, 『울진, 수토와 월송포진성, 그

리고 독도수호의 길』, 한국이사부학회 학술대회 자료집.

83 "백두산의 위판은 백두산지신(白頭山之神)이었다."[『世宗實錄』, 世宗 19年(1437) 3月 13日]

84 『世宗實錄』「地理志」, 江原道 襄陽都護府地理志

85 조선시대 양양(襄陽) 낙산진(洛山津)에는 동해신묘(東海神廟)가 있었고, 제향을 드리는 예법까지 법전에 실려 있을 만큼 동해신(東海神)을 중시했다[『正祖實錄』, 正祖 24年(1800) 4月 7日].

86 "四海: 東海 江原道 襄陽郡."[『高宗實錄』, 高宗 40年(1903) 3月 19日]

87 거문도 표지석에 따르면 "영국의 거문도 점령 당시 1885년 중국 상해까지 해저케이블이 포설된 바 있으며 이는 이 땅에 육양된 2번째 전기통신시설이다. 1904년에는 일본의 사세보에서 중국의 대련까지 포설된 해저케이블이 이곳에서 직접 육양된 바 있다. 이는 거문도가 울릉도와 함께 극동의 통신 요충지였음을 뜻하는 것이며 이와 같은 역사적, 지리적 교훈을 잊지 않기 위해 이곳에 표지석을 세운다."[유건식, 2023.6.20, 「거문도 해저케이블 육양지점과 망사용료」, 『PD저널』(http://www.pdjournal.com)]

88 『日省錄』, 純祖 3年(1803) 5月 22日

89 『日省錄』, 純祖 7年(1807) 5月 12日

90 『日省錄』, 純祖 7年(1807) 6月 5日

91 『日省錄』, 純祖 7年(1807) 8月 3日

92 「울릉도 도감 오성일 교지」(울릉도 독도박물관 소장)

93 문정민, 2018, 「전라남도 흥양 도서(島) 민가와 근대기 울릉도 민가」, 『한국건축학연구』 21-1, 28쪽

94 거문도 어부 박운학(朴雲學)은 당시 78세로 거문도 서도(西島) 덕촌에 거주했는데 1901년경 울릉도에서의 선박제조 및 독도에서의 어업활동을 전개했다. 그의 증언에 따르면 "17살 때 갔을 때는 도동(道洞)에 집이 10여채, 일본 사람은 없었고 중들이 동삼(*동자삼) 캐러 나다녔을 뿐이라 했다. 가제를 잡으러 돌섬(獨島)에 곧 잘 갔다는 박씨는 가제 가죽으로 갓신, 담배쌈지도 만들어 선물로 삼았고 기름을 짜서 불을 켰다는 것이다. 여덟아름이나 되는 귀목(*느티나무)을 베어 도끼로 다듬고, 나무못을 박아 배를 만들어 숲을 이룬 미역과 전복을 따 싣고 배꽁무니에 집질 나무뗏목을 달고 왔다 했다."(『조선일보』, 1963.8.11).

95 「老漁夫金允三氏의 回顧」, 『민국일보』, 1962.3.20.

96 고흥군, 『독섬, 石島, 獨島 고흥의 증언』, 2017년 8월 22일 국회학술심포지엄, 92~93쪽.

97 李奎遠, 1882.5.1, 『鬱陵島檢察日記』.

98 https://www.ulleung.go.kr

99 『太宗實錄』, 太宗 16年(1416) 9月 2日

100 『太宗實錄』, 太宗 17年(1417) 2月 5日

101 『世宗實錄』, 世宗 7年(1425) 8月 8日

102 『世宗實錄』, 世宗 7年(1425) 10月 20日

103 『太宗實錄』, 太宗16년(1416) 9月 2日

104 『太宗實錄』, 太宗 17년(1417) 2月 8日

1 심의완(沈宜琬)은 1842년생으로 본관이 청송(青松)이고 1863년 무과 급제했다(『平海郡邑誌』; 『平海郡先生案』) 심의완(沈宜琬) 훈련원 주부(『承政院日記』, 高宗 18년 신사(1881) 10월 12일) 심의완(沈宜琬)을 중추부 도사[『承政院日記』, 高宗 19年 (1882) 3月 16日] 심의완(沈宜琬)을 중추부 경력[『承政院日記』, 高宗 19年(1882) 12月 26日] 심의완(沈宜琬)을 좌변포도청 종사관[『承政院日記』, 高宗 21年(1884) 윤5月 5日] 심의완(沈宜琬)을 강화부 판관[『承政院日記』, 高宗 21年 (1884) 11月 3日] 심의완(沈宜琬)을 평해군수(平海郡守)[『承政院日記』, 高宗 22年 (1885) 3月 28日] 의정부에 따르면 "평해군수(平海郡守)에 지금 자리가 비어 있는데, 당해 수령이 이미 울릉도첨사(鬱陵島僉使)를 겸하였고 단속을 시행하는 것은 일이 긴급하니, 해조(該曹)에서 구전(口傳)으로 각별히 택하여 차임하게 해서 며칠 안으로 내려 보내는 것이 어떻겠습니까?" 답하기를 "강화판관(江華判官) 심의완(沈宜琬)에게 특별히 가자(加資)하여 해조에서 의망(擬望)하여 들이게 하라."[『備邊司謄錄』, 高宗 22年 (1885) 3月26日] 1885년 3월부터 1886년 1월까지 평해군수. 1886년 사망.(『平海郡邑誌』; 『平海郡先生案』) 이규원이 1884년 10월 기연해방사무(畿沿·海防事務) 총관(總管)으로 재임할 때 심의완은 1884년 11월 강화판관으로 임명되었다. 즉 이규원이 경기도 연안지역 총사령관일 때 심의완이 강화군수였다.

2 李奎遠, 光緒八年(1882) 壬午 六月, 「啓草本」; 李奎遠, 1882.4.28, 『鬱陵島檢察日記』

3 李奎遠, 1882.4.29, 『鬱陵島檢察日記』. 辰時는 오전 7~9시 사이, 辰時-巳時는 9~11시 이다. 十二時의 여섯째 시이므로, 오전 아홉 시부터 오전 열한 시까지이다. 二十四時의 열한째 시므로, 오전 아홉 시 반부터 오전 열 시 반까지이다.

4 李奎遠, 光緒八年(1882) 壬午 六月, 「啓草本」; 李奎遠, 1882.4.30, 『鬱陵島檢察日記』.

5 李奎遠, 1882.4.30, 『鬱陵島檢察日記』.

6 李奎遠, 光緒八年(1882) 壬午 六月, 「啓草本」; 李奎遠, 1882.5.2, 『鬱陵島檢察日記』.

7 李奎遠, 1882.5.2, 『鬱陵島檢察日記』.

8 李奎遠, 光緒八年(1882) 壬午 六月, 「啓草本」; 李奎遠, 1882.5.3, 『鬱陵島檢察日記』.

9 李奎遠, 1882.5.3, 『鬱陵島檢察日記』.

10 "四面憑眺 海天茫茫 更無一點島嶼 但見十四諸峰 屹然列立 環抱羅里一洞 果是天藏別界也." [李奎遠, 光緒八年(1882) 壬午 六月, 「啓草本」]

11 "登第一層 四望 海中都無一點島嶼之見形矣 絶頂橫臨日 高峰半向天之詩句 正以此謂也."(李奎遠, 1882.5.4., 『鬱陵島檢察日記』)

12 李奎遠, 1882.5.9, 『鬱陵島檢察日記』.

13 『承政院日記』, 高宗 19年(1882) 4月 7日. 이규원은 5월 4일 저포(苧浦, 대포와 소포로 구성)에서 쟁암(鎗岩)을 발견했다. 대포(大浦)의 동남쪽 바다 가운데에 쟁암(鎗岩)이 있는데 높이가 수백여 장(丈)이며, 대포와 소포가 합하여 하나의 포구를 형성하였다."(李奎遠, 1882.5.4, 『鬱陵島檢察日記』)

14 "겨우겨우 내려와서 통구미포 안에 흐르는 물가 암석 옆에 다다르자 다리 힘은 다 풀리고 뱃속도 불편하여 부득이 숙소를 정했다."(李奎遠, 1882.5.6, 『鬱陵島檢察日記』)

15 李奎遠, 光緒八年(1882) 壬午 六月, 「啓草本」; 李奎遠, 1882.5.7, 『鬱陵島檢察日記』.

16 李奎遠, 光緒八年(1882) 壬午 六月, 「啓草本」; 李奎遠, 1882.5.8, 『鬱陵島檢察日記』. 『鬱陵島檢察日記』에는 7일 小黃土邱尾에 도착했다고 기록되었다. 즉 「계초본」에는 쉬는 일정을 축소했다. 이러한 사실은 『鬱陵島檢察日記』에 기초하여 「啓草本」을 작성했다는 것을 의미한다.

17 島項을 '섬목'이라 하지만 "바다 가운데 두 개의 작은 섬"으로 보아서 島項은 관음도이고, 竹島는 죽서도로 임에 틀림없다. 검찰일기에 따르면 이규원과 倭船艙(천부)-船板邱尾(선창) 사이에서 형제암(兄弟岩)과 촉대암(燭臺岩)을 발견했다.(李奎遠, 1882.5.9, 『鬱陵島檢察日記』) 이규원은 천부에서 선창 사이에 "바다 가운데에는 죽암(竹岩)이 있었는데 이름처럼 대나무만 빽빽하게 자라고 있었으며, 높이가 수백 장(丈)은 될 듯하였다"고 기록하였다.(李奎遠, 1882.5.9, 『鬱陵島檢察日記』) "船板邱尾... 남쪽 바다에 떠있는 작은 섬 2개는(南便洋中 有二小島) 모양이 소가 누운 듯하고, 하나는 왼쪽으로 하나는 오른쪽으로 도는 모습니다. 한쪽에는 어린 대나무가 빽빽이 자라고 있었고, 한 쪽으로는 잡초가 나 있으며 높이는 수백 장(丈)이었다." "너비는 얼마 되지 않았으나 길이는 500~600보쯤 되고, 사람들은 도항 또는 죽도라고 불렀으며, 둘레는 10리쯤 되었다."(長爲五六百步 人云 島項 亦云竹島也 周可十里許)(李奎遠, 1882.5.9, 『鬱陵島檢察日記』) 이규원은 1882년 5월 9일 울릉도 선창에서 2개의 작은 섬을 발견하였다. 둘레가 4킬로, 길이가 50미터라면 도항은 관음도임에 틀림없다.

18 李奎遠, 光緒八年(1882) 壬午 六月, 「啓草本」; 李奎遠, 1882.5.10, 『鬱陵島檢察日記』.

19 李奎遠, 1882.5.10, 『鬱陵島檢察日記』.

20 李奎遠, 光緒八年(1882) 壬午 六月, 「啓草本」; 李奎遠, 1882.5.11, 『鬱陵島檢察日記』.

21 李奎遠, 光緒八年(1882) 壬午 六月, 「啓草本」; 李奎遠, 1882.5.13, 『鬱陵島檢察日記』.

22 "山川 彌勒峰(在島北 海拔 701米突) 錐山(在島北 해발 150m) 孔岩(在島北) 卵峰(在島北 해발 611m) 聖人峰(在島北 해발 984m) 冠冑峰(在島北鎭山 해발 700m) 水雷岩 可頭峰(俱在西海邊) 老人峰(在島北) 待風坎(在島北 玄圃西) 千年浦(在島北 羅里) 竹岩(在島北 天府北) 島項哨?(在天府 東海濱) 觀音島(在島項 바로 아래) 竹島(在觀音島 南海中) 冑岩(在島東北 海邊) 北亭岩(在冑岩南) 燭臺岩(在島 東海濱)."(道誌刊行委員會, 江原道誌 卷之十一 附錄 鬱陵島, 『韓國近代道誌』 23, 1940, 466쪽) 米突=m. 1902년 미돌법(m) 제정.

23 李奎遠, 1882.5.5, 『鬱陵島檢察日記』.

24 이규원의 검찰일기는 5월 10일 일본인과의 문답을 기록하였다. 그런데 올해 처음 왔다는 일본인이 2년 전에 표목을 보았다고 답변하였다. 이것은 모순된 일본인의 답변이었다.(李奎遠, 1882.5.10, 『鬱陵島檢察日記』) 실제 이규원이 일본인을 5일에 만났지만 적절한 신문을 진행하지 못하여 10일 다시 도방청(도동)에 가서 신문을 진행했던 것으로 추정된다. 일본인 명단은 다음과 같다. "일본제국 南海道 豫州 松山邑에 사는 內田尙長으로 나이는 29세, 山陽道 長州 善和邑에 사는 野村善一로 나이는 50세, 防州 宮市邑에 사는 吉崎卯吉로 나이는 40세, 東海道 總州 八田邑에 사는 吉谷庄次郞으로 나이는 26세입니다. 그 밖에 吉田大吉 · 島海要藏 · 庄司勇郞 · 松尾而已助 등 4명은 나이도 모르고 일정한 거주지도 없습니다. 두 곳에 結幕의 일꾼을 합하면 78명입니다. 東海道는 뱃길로 6천리요, 南海道는 2천 5백리며, 山陽道는 1천 5백리입니다."[李奎遠, 光緒八年(1882) 壬午 六月, 「啓草本」; 李奎遠, 1882.5.5, 『鬱陵島檢察日記』] 박병섭은 야마모토 오사미(山本修身)의 기록과 이규원의 검찰일기를 대조하여 일본인의 명단을 작성하였다. "南海道 豫州 松山邑, 內田尙長 〈우치다 히사나가(內田尙長): 아사히구미 부조장〉", "山陽道 長州 善和邑, 埜村善一 〈노무라 젠이치(野村善一): 노무라구미 조장〉", "東海道 總州 八田邑 吉谷庄次郞" "防州 宮市邑 吉崎卯吉", "島海要藏 · 庄司勇郞 · 松尾而已助" 〈도리우미 요조(島海要藏): 도쿄구미 조장〉, 〈마쓰오 미노수케(松尾而已助): 도쿄구미 산하 나가이구미(永井組) 조장〉[檜垣直枝, 明治15~16年, 「蔚陵島出張復命書」, 『公文別錄』(內務省): 박병섭, 2010, 「한말 일본인의 제3차 울릉도 침입」, 『한일관계사연구』 35, 214쪽] *〈 〉표시는 일본측 자료.

25 "大日本國松島槻谷 明治二年二月十三日 岩崎忠照建之."[李奎遠, 光緒八年(1882) 壬午 六月,「啓草本」; 李奎遠, 1882.5.6,『鬱陵島檢察日記』)]

26 山本修身,「復命書」,『明治十七年蔚陵島一件』, 山口県文書館所(行政文書 前戦A土木25): 송휘영, 2015,「개항기 일본인의 울릉도 침입과 울릉도도항금지령」,『독도연구』19, 94~96쪽; 박지영, 2020,「야마구치현 주민의 울릉도 침탈사건에 대한 연구」,『독도연구』28, 212~214쪽. 1882년 울릉도에 불법 체류한 일본인은 400명 전후였다(박한민, 2022,「1880~1890년대 울릉도 물산을 둘러싼 분쟁과 조일 양국의 대응」,『사학연구』148, 88쪽).

27 山本修身, 明治十七年(1884),「復命書」,『蔚陵島日件錄』(山口縣文書館: 行政文書戰前A土木25): 박병섭, 2010,「한말 일본인의 제3차 울릉도 침입」,『한일관계사연구』35, 212쪽. 박병섭에 따르면 일본인 송환인원은 총 266명이었다. 박병섭은 소환된 일본인 "모두 목재 벌채의 일은 절도를 한 것이 아니면 그 목재가 조선 관리로부터 혜택으로 받은 것이므로 무죄"라고 판결되었다(박병섭, 2010,「한말 일본인의 제3차 울릉도 침입」,『한일관계사연구』35, 221쪽).

28 檜垣直枝,「蔚陵島出張復命書 朝鮮國蔚陵島」,『外務省記錄』3824: 박병섭, 2010,「한말 일본인의 제3차 울릉도 침입」,『한일관계사연구』35, 217쪽.

29 "紀元 二千五百--年."[山本修身, 明治十七年(1884),「復命書」,『蔚陵島日件錄』(山口縣文書館: 行政文書戰前A土木25): 박병섭, 2010,「한말 일본인의 제3차 울릉도 침입」,『한일관계사연구』35, 213쪽]

30 "왜인이 집을 짓고 있는 곳은 움막을 세운지 여러 해가 되었으며, 날마다 나무를 베어 본국으로 나르고 있고, 외부처럼 여기면서 심지어는 표목(標木)까지 세워 놓았습니다. 마침 그때 안용복(安龍福)이 없었다면 그들은 마음대로 행하면서 거리낌이 없었을 것입니다."[李奎遠, 光緒八年(1882) 壬午 六月,「啓草本」]

31 "그러나 臣이 꾸짖으면서 그들이 언동을 살피니, 언동마다 사람을 속이기는 하나 그 말에 부끄러워하는 바가 많았으므로 이는 반드시 스스로 죄를 졌다고 여기는 것으로서 누가 시켜서 하는 것만이 아닙니다. 이른바 그들이 세웠다는 標木은 뽑지 않고 우선 증거로 삼을 계획입니다. 검찰하기 전에는 스스로 빈 땅으로 듣고 와서 기강이 없겠지만, 이제 검찰한 뒤이니 만약 또 일본에 묻지 않는다면 이는 묵인하는 것과 다름이 없으므로 교활한 왜인이 속이려 들 것입니다. 문서를 보내서 나무라는 것이 혹시 옳지 않을까 합니다."[李奎遠, 光緒八年(1882) 壬午 六月,「啓草本」]

32 "松島, 竹島, 于山島 등에(松竹于山等島) 임시 거주할 사람들은 모두 근처의 작은 섬에서 보내야겠습니다. 그러나 아직 근거로 삼을 지적도가 없고, 또 인도할 마을의 지도자가 없습니다. 맑은 날에 높이 올라가서 멀리 바라보면 천리를 엿볼 수 있으나 돌 한주먹, 흙 한줌도 보이지 않으므로 우산(于山)을 울릉(鬱陵)이라 호칭하는 것은 탐라(耽羅)를 제주(濟州)라고 호칭하는 것과 같습니다."(松竹于山等島 僑寓諸人 皆以傍近小島當之 然旣無圖籍之可據 又無鄕導之指的 晴明之日 登高遠眺則千里可窮 以更無一拳石一撮土 則于山之稱鬱陵 卽如耽羅之稱濟州是白如乎)[李奎遠, 光緒八年(1882) 壬午 六月,「啓草本」]

제4장

1 金正浩編, 1862~1866,「程里考」,『大東地誌』, 27卷, 25~26쪽(奎章閣 古4790-37-v.1-15) 김정호의『대동지지(大東地誌)』「정리고(程里考)」에 따르면 동남(東南) 방향 3대로(三大路)를 통해서 서울부터 평해까지 총 890리(里)였다.

2 김정호는 강릉부터 평해까지 지명을 다음과 같이 기록했는데 이규원도 거의 비슷한 장소를 거쳤다. "강릉 우계창(羽溪倉, 강릉시 옥계면)→평릉역(平陵驛, 동해시 평릉동)→삼척(史直驛, 삼척시 사진역)→대치(大峙)→교가역(交柯驛)→용화역(龍化驛)→미현(尾峴)→옥원역창(沃原驛倉, 옥원리)→갈령(葛嶺, 삼척시 원덕읍과 울진군 북면 사이의 고개)→흥부역(興富驛, 부구리)→울진(蔚珍, 읍내리)→수산역(守山驛, 수산마을)→덕신역(德新驛, 덕신리)→망양정(望洋亭, 망향리)→명월포(明月浦)→정명포(正明浦)→월송포진(越松浦鎭)→달효역(達孝驛, 월송리)→평해(平海)."

3 김정호는 원주부터 강릉까지 지명을 다음과 같이 기록했는데 이규원은 거의 비슷한 장소를 거쳤지만 평장에서 원주까지 단거리로 이동했던 것으로 보인다. "원주(原州, 일산동)→식송점(植松店, 수암리)→오원역(烏原驛, 횡성군 우천면 오원3리 양달말)→안흥역(安興驛, 안흥리)→운교역창(雲校驛倉, 평창군 방림면 운교리)→방림역(芳林驛, 방림리)→대화역창(大和驛倉, 대화리)→청심대점(淸心臺店, 마평리)→진부역(珍富驛, 진부리)→월정거리(月精巨里, 간평리)→횡계역(橫溪驛, 횡계리)→대관령(大關嶺)→제민원(濟民院, 강릉시 성산면 어흘리 제민원마을)→구산역(邱山驛, 구산리)→강릉(江陵, 용강동)."

4 김정호는 서울부터 원주까지 지명을 다음과 같이 기록했는데 이규원도 거의 비슷한 장소를 거쳤다. "평구역(平邱驛)→봉안역(奉安驛)→용진(龍津)→월계(月溪)→덕곡(德谷)→양근(楊根)→백현(柏峴)→흑천점(黑川店)→지평(砥平)→전양현(前楊峴)→송치(松峙)→안창역(安昌驛)→원주(原州)."

5 李奎遠, 光緒八年(1882) 壬午 六月, 「啓草本」; 李奎遠, 1882.5.11, 『鬱陵島檢察日記』.

6 李奎遠, 光緒八年(1882) 壬午 六月, 「啓草本」; 李奎遠, 1882.5.13, 『鬱陵島檢察日記』. "뒤쳐졌던 배 2척도 도착하여 구산포에 정박했다."(李奎遠, 1882.5.13, 『鬱陵島檢察日記』)

7 李奎遠, 1882.5.11, 『鬱陵島檢察日記』.

8 李奎遠, 1882.5.12, 『鬱陵島檢察日記』.

9 李奎遠, 1882.5.13, 『鬱陵島檢察日記』.

10 李奎遠, 1882.5.12, 『鬱陵島檢察日記』.

11 李奎遠, 1882.5.14, 『鬱陵島檢察日記』.

12 李奎遠, 1882.5.15, 『鬱陵島檢察日記』.

13 이한성, 2022.1.15, 「겸재 그림 길 망양정」, 『CNB저널』; 심영옥, 「겸재 정선의 청하연감 시절 회화 업적 연구」, 『동양예술』 45, 187~188쪽. "望洋亭. 北四十里, 蔚珍界, 海岸怪石矗立."(『大東地志』)

14 "왕근호(王謹鎬)를 훈련원판관(訓鍊院判官)."[『承政院日記』, 高宗 15年(1878) 6月 30日] "왕근호(王謹鎬)를 울진현령(蔚珍縣令)."[『承政院日記』, 高宗 18年(1881) 7月 12日] "왕근호(王謹鎬)를 충청도 병마우후."[『承政院日記』, 高宗 20年(1883) 12月 29日] "왕근호(王謹鎬)를 삼척영장(三陟營將)."[『承政院日記』, 高宗 24年(1887) 8月 19日]

15 李奎遠, 1882.5.15, 『鬱陵島檢察日記』.

16 李奎遠, 1882.5.16, 『鬱陵島檢察日記』.

17 「蔚珍縣」, 『輿地圖書』, 1760; 『울진신문』, 2020.10.16; 김현우, 2012, 『임진왜란의 흔적』 1, 한국학술정보. 고산성은 1396년에 축성했고 1558년에 개축했다.

18 李奎遠, 1882.5.16, 『鬱陵島檢察日記』.

19 李奎遠, 1882.5.17, 『鬱陵島檢察日記』.

20 이영일, 2020.1.10, 「주나라 재상 소공이 선정을 베푼 팥배나무」, 『우리문화신문』.

21 원영환, 1996,「소공대와 산양서원고」,『강원문화사연구』1, 2~4쪽; 김세곤, 2015.10.2,「조선의 명재상 황희」,『이투데이뉴스』.

22 삼척의 남쪽 해안에 있었던 만경(滿卿)에는 옛 산성이 있었고, 부근의 교가역(交柯驛)은 평릉도(平陵道)의 찰방(察訪)으로 동해안의 14개역을 관할했다가 뒤에 평릉으로 옮겼다. 조선 초기까지 양야산(陽野山)에는 봉수(烽燧)가 있어 해안지방을 남북으로 연결했다. 당시에는 이곳을 흐르는 교가천을 따라 태백산에 이를 수 있었다.

23 李奎遠, 1882.5.17,『欝陵島檢察日記』.

24 李奎遠, 1882.5.18,『欝陵島檢察日記』.

25 안정복저, 이상하역, 2017,『순암집』, 한국고전번역원.

26 홍종한(洪鍾漢). 본관은 홍주(洪州). 강원도(江原道) 통천군수(通川郡守) 1873[계유(癸酉)] 1월(正月), 충청도(忠淸道) 청풍부사(淸風府使) 1875[을해(乙亥)] 4월(四月)[http://people.aks.ac.kr;『承政院日記』, 高宗 15년年(1878) 7月 17日].

27 김기서(金箕瑞). 본관 공주(公州). 무과 헌종(憲宗) 10년(1826) 증광시(增廣試). 전라도(全羅道) 운봉현감(雲峰縣監) 1871[신미(辛未)] 7월(七月). 강원도(江原道) 강원도우영장(江原道右營將) 1882[임오(壬午)] 2월(二月)(http://people.aks.ac.kr).

28 李奎遠, 1882.5.18,『欝陵島檢察日記』.

29 "山中一夜雨, 海外二毛人, 落盡寒梅樹, 西湖幾度春"(林億齡, 1572, 登竹西樓, 石川詩集, 石川先生詩集卷之四, 27쪽)

30 임남형, 2011,『석천 임억령의 생애와 시문학』, 월인.

31 김학범, 2013,『우리 명승기행』, 김영사; 차장섭, 2010,『죽서루』, 이담북스; 차장섭, 2013,『강릉』, 역사공간; 차장섭, 2015,『삼척』, 역사공간.

32 심영옥,「겸재 정선의 청하연감 시절 회화 업적 연구」,『동양예술』45, 202~205쪽.

33 이한성, 2021.12.14,「겸재 그림 길 죽서루」,『CNB저널』; 임상선, 2022.6.10,「남인의 영수 허목」,『민화』. 한편 삼척의 척주가(陟州歌)는 19세기 삼척부사(*이름 미상)가 서울에서 양평 원주 평창 강릉을 거쳐 삼척으로 오는 여정과 삼척의 명소를 찾아 유람하고, 죽서루와 오십천과 척주동해비 등을 노래한 가사이다. "아흔 아홉 구비 돌아내려 강릉읍내 바라보니 예국 옛 도읍지의 큰 도시가 장하구나. 화비령 높은 곳에 헛된 생각을 거두어볼 듯 신선이 하던 옛 자취가 이 땅에 머물렀다. 고살재 겨우 올라 오리 쯤 다다르니 삼척부의 성내는 읍촌도 쓸쓸하다. 교가역(交柯驛)의 찰방도(察訪道)도 명승을 이루더니 산호관은 와룡되어 이름도 좋거니와 총죽정 올라가니 바다경관 뿐만 아니구나."[삼척부사저, 이학주역, 2020,『척주가(陟州歌)』, 도서출판 산책]

34 李奎遠, 1882.5.19,『欝陵島檢察日記』.

35 http://people.aks.ac.kr/. "幼學金炳基, 年三十一, 本安東, 居忠州, 賦五分, 進士詩[試]."[忠淸監司 姜時永, 甲辰十一月十六日(1844년), 忠淸道監營狀啓謄錄 第二冊, 各司謄錄 6권] "金炳基爲江陵府使."[『承政院日記』, 高宗 17年(1880) 1月 30日] "삭탈관직(削奪官職). 김옥균(金玉均)의 아비 부호군(副護軍) 김병기(金炳基)와 본래의 생부(生父) 김병태(金炳台)."[『高宗實錄』, 高宗 21年(1884) 11月 1日] "김옥균의 양부 김병기(金炳基)는 일찍이 시종관(侍從官)의 아비로서 통정대부(通政大夫)의 품계에 올라갔는데, 변고가 일어난 뒤에 양아들養親)의 인연을 끊고 본집으로 돌려보냈는데도 그 품계를 그대로 유지했으니, 즉시 삭탈하는 것이 일의 원칙에 부합될 것 같습니다."[『高宗實錄』, 高宗 23年(1886) 4月 12日;『承政院日記』, 高宗 23年(1886) 4月 12日]

36 琴秉洞, 2001,『金玉均と日本』, 綠蔭書房, 954쪽

37 김상기, 2004,「김옥균의 행적과 유적」,『호서사학』38, 85쪽

38 古筠記念會·林毅陸編,『金玉均傳』, 上, 東京: 龍溪書舍, 昭和19(1944), 130~260쪽;『高宗實錄』, 高宗 9年(1872) 2月 4日;『高宗實錄』, 高宗 11年(1874) 2月 24日;『承政院日記』, 高宗 20年(1883) 3月 17日.

39 琴秉洞, 2001,『金玉均と日本』, 綠蔭書房; 김상기, 김옥균의 행적과 유적, 호서사학 38, 2004, 68, 72, 82~84쪽. 후쿠자와 유키치(福澤諭吉)는 1894년 김옥균의 암살 이후 그의 공양(供養)을 위해서 사찰 신죠사의 주지에게 김옥균의 추모 법요식(法要式)을 요청했다. 신죠사의 주지 데라다 후쿠쥬(寺田福寿)는 '고균원석온향(古筠院积温香)'이라는 법명을 김옥균에게 붙였다고 한다.

40 박한민, 2021,「동남제도개척사 수행원 가이 군지(甲斐軍治) 관련 자료의 해제와 번역」,『영토해양연구』22, 201쪽

41『대한제국관원이력』, 41책, 874쪽

42 黃玹, 光武 9年(1905),「金英鎭의 환국」,『梅泉野錄』, 제5권

43 "金星圭氏(全北參興官 金英鎭氏 父親)別世."(『동아일보』, 1925.8.20)

44『承政院日記』, 高宗 32年(1895) 3月 17日. 김옥균이 생부 김병태는 갑신정변 직후 체포되어 눈이 먼 상태로 천안옥에 갇혀 10년의 옥살이를 하다가 김옥균이 암살당한 직후 1894년 5월 24일 교수형을 당했다.(琴秉洞, 2001,『金玉均と日本』, 綠蔭書房, 954쪽) 족보에 따르면 생모 송씨는 남편 김병태가 죽은 날 자결했다(김상기, 2004,「김옥균의 행적과 유적」,『호서사학』38, 85쪽).

45 李奎遠, 1882.5.20,『鬱陵島檢察日記』.

46 光海君3年(1611),「江陵大都護府」,『新增東國輿地勝覽』, 卷之四十四(http://kyudb.snu.ac.kr) 현재 강릉대도호부는 임영로 131번길 6에 관아 건물이 있다(https://www.gn.go.kr).

47 光海君3年(1611),「鏡浦臺」,『新增東國輿地勝覽』, 卷之四十四(http://kyudb.snu.ac.kr).

48 林鎬敏, 2011,「강릉 경포대의 역사적 의미와 가치」,『지방사와 지방문화』14-1, 411쪽. 경포 남쪽의 '환선(喚仙)'이란 이름의 누정(樓亭)이 있는데 바로 죽봉(竹峯) 권수경(權守經)의 별서(別墅)이다. 공이 관작(官爵)을 헌신짝처럼 벗어 버린 뒤 이곳에서 살고 이곳에서 시를 읊고 이곳에서 묻히자 마을 사람들이 신선처럼 우러러보았다(蔡濟恭, 1871,「竹峯權公墓碣銘」,『樊巖集』, 53卷).

49 이한성, 2021.11.12,「겸재 그림 길 경포대」,『CNB저널』.

50 林鎬敏, 2011,「강릉 경포대의 역사적 의미와 가치」,『지방사와 지방문화』14-1, 419~423쪽;『中宗實錄』, 中宗 19年(1524) 3月 19日;『日省錄』, 純祖 15年(1815) 7月 1日.

51 安軸, 1478,「江陵府鏡浦臺記」,『東文選』, 68卷, (https://db.itkc.or.kr).

52『承政院日記』, 高宗 34年(1897) 5月 6日(양력6.5);『承政院日記』, 高宗 36年(1899) 6月 17日(양력7.24); 李南珪, 鏡浦臺重修記, 修堂集, 6卷, 1897~1899쪽, (https://db.itkc.or.kr).

53 "又 渭北傾軒 荊洞庭 岳陽樓一角 飄泊落東溟 還入後 前路改路文發送."(李奎遠, 1882.5.20,『鬱陵島檢察日記』)

54 "본관은 豐山이다. 거주지는 천안으로 1828년에 태어나다. 1867년 고종 4년 式年試 생원에 三等으로 합격했다."(『풍산홍씨 사마방목』; https://blog.naver.com/biokr/221655402314) "洪謹周爲橫城縣監"[『承政院日記』, 高宗 17年(1880) 7月 29日]

55 본관은 의령(宜寧)이다. 1870년(고종 7)에 이조참의(吏曹參議)에 임명되었다. 또한, 건원릉(健元陵) 등의 왕실 제사 때 예방승지(禮房承旨)로 참여하여 품계를 올려 받았다. 1872년(고종 9)에는 이조참판(吏曹參判)에 임명되었고, 또한 동지부사(冬至副使)가 되어 중국에 다녀오기도 했다. 이후 의주부윤(義州府尹)·황해도관찰사(黃海道觀察使) 등을 역임했다. 1879년(고종 16)에 대왕대비

의 친영 60돌을 맞아 임금이 표리를 올리고 대사령을 반포하는 예식에 참여하여 재차 품계를 올려 받았다. 1883년(고종 20)에 강원감사(江原監司)로 재직 중 저질렀던 폭정이 암행어사(暗行御史)를 통해 발각되어 원악도(遠惡島)로의 유배처분이 내려졌다. 그러나 1884년(고종 21)에 사은을 입어 사면되었고, 이후 공조판서(工曹判書) · 한성부판윤(漢城府判尹) 등을 역임했다(http://people.aks.ac.kr/). 정축년(1877) 봄에 庭試文科를 설치하여 5명의 급제자를 냈다. 이때 南廷益은 義州府尹으로 있으면서 돈 10만량(20,000원=20억)를 상납하고 그의 아들 南奎熙를 수석으로 급제시켰다(黃玹,「科擧買賣」,『梅泉野錄』, 卷之一).

56 "이규응(李奎應)은 황해도(黃海道) 장연부사(長淵府使) 1871[신미(辛未)] 6월." 『팔도총록(八道總錄)』[국립중앙도서관(한古朝57-가527): http://people.aks.ac.kr]

57 "강원도중군(江原道中軍) 1881년[신사(辛巳)] 7월." 『팔도총록(八道總錄)』[국립중앙도서관(한古朝57-가527): http://people.aks.ac.kr]

58 李奎遠, 1882.5.24,『鬱陵島檢察日記』.

59 김가람, 2018,『감원감영 속 조선시대 이야기』, 원주시역사박물관, 10~15쪽;『仁祖實錄』, 仁祖 12年(1634) 12月 22日;『高宗實錄』, 高宗 10年(1873) 3月 21日.

60 李奎遠, 1882.5.25~26,『鬱陵島檢察日記』

61 李奎遠, 1882.5.27,『鬱陵島檢察日記』.

62 '독서당계회도'(讀書堂契會圖)는 조선 중종(1506~1544) 연간에 한강변 두모포 독서당이란 공간에서 진행됐던 '사가독서'(賜暇讀書)라는 공직자 학문 연수 과정에 참여했던 문신 관료들 모임(계회)을 기념해 만들어졌다(『한겨레신문』, 2022.6.22).

63 사찰문화연구원 편집부, 1994,『서울 · 전통사찰총서』 4, 사찰문화연구원; 최래옥, 2002,『성동구의 구비단문』, 성동문화원;『民族文化大百科辭典』. 미타사는 완만한 경사지에 서향의 극락전을 중심으로 맞은편에 관음전, 좌측에는 1칸의 독성전이, 우측에는 5칸의 노전이 자리하고 있다. 관음전 양측에서 시작된 담장이 극락전과 독성전, 노전을 에워싸 별원을 구성하는 조선후기 사찰배치의 특성이 미타사에 잘 남아 있다. 지금은 극락전을 중심으로 용운암부터 금수암, 칠성암, 토굴암, 금보암, 관음암, 대승암, 정수암 등 8개 암자가 미타사를 이룬다.(매일경제, 2022.9.27,『Citylife』, 제847호)

64 『承政院日記』, 高宗 19年(1882) 6月 5日. 李奎遠, 光緖八年(1882) 壬午 六月,「啓草本」. "돌아와 정박한 뒤 계초를 다듬었다."(李奎遠, 1882.5.13,『鬱陵島檢察日記』) "울릉도 화본(畵本)을 넣을 양사(洋紗)를 구하고 책공(冊工)을 시켜서 종이를 붙이도록 했다."(李奎遠, 1882.5.24,『鬱陵島檢察日記』) "혼자서 말을 타고 영리들을 거느리고 두모포(豆毛浦)의 미륵사(彌勒寺)에서 계본(啓本)을 작성했다."(李奎遠, 1882.5.27,『鬱陵島檢察日記』)

65 "섬의 중심지인 羅里洞은 산 속에 들판이 펼쳐져서 평탄하고 비옥하여 1,000 家戶는 살 만하며, 그 밖의 지역에서는 三百戶쯤 살만한 사방 50~60리의 땅이 있습니다. 뽕나무, 산뽕나무, 모시, 닥나무가 자생하고 있어서 한 현(縣)을 만들 땅으로 충분합니다... 이제 사람들을 모집하여 개간을 허용하면 토지를 얻는 기쁨으로 즐거워할 것입니다."(今若募民 許墾 則歡如需土) "만약 시장을 열어 매매를 허용하면 수년이 지난 후 마땅히 성과가 있을 것입니다."[李奎遠, 光緖八年(1882) 壬午 六月,「啓草本」]

66 "포구는 14곳이 있는데 소황토구미, 대황토구미, 待風所, 흑작지포, 천년포, 왜선창, 大岩浦, 楮田浦, 苧浦, 道方廳, 장작지, 玄浦, 谷浦, 桶邱尾 등인데 뿔 같이 생긴 바위가 많고 파도가 거칠며 또 산기슭에는 遮護하고 藏抱하는 지형이 없어서 항상 배를 안전하게 정박시키지 못함을 걱

정하고 있습니다. 토산품으로서는 紫丹香, 梧桐, 柏子, 冬栢, 黃柏, 뽕나무, 감나무, 厚朴, 槐木, 檜木, 馬柯木, 老柯木, 박달나무, 楮木, 苧草, 산삼, 麥門冬, 黃精, 前胡, 玄胡索, 葳靈仙, 백합, 당귀, 南星, 속새, 貫衆, 覆盆, 산포도, 春蓍, 尼實, 다래, 까마귀, 비둘기, 매, 霍鳥(습새), 水牛, 海狗, 고양이, 쥐, 지네, 미역, 전복, 해삼, 홍합 등입니다."[李奎遠, 光緖八年(1882) 壬午 六月, 「啓草本」]

67 李奎遠, 光緖八年(1882) 壬午 六月, 「啓草本」.

68 "六月初四日 以私禮復 命 初五日 公體復 命 筵說."[李奎遠, 光緖八年(1882) 壬午 六月, 「啓草本」]

69 『承政院日記』, 高宗 19年(1882) 6月 5日.

제5장

1 "함경남도 병마절도사(咸鏡南道兵馬節度使)."[『高宗實錄』, 高宗 25年(1888) 8月 16日)]

2 이혜은·이형근, 2006, 『만은 이규원의 울릉도검찰일기』, 한국해양수산개발원, 136, 138쪽

3 이혜은·이형근, 2006, 『만은 이규원의 울릉도검찰일기』, 한국해양수산개발원, 144쪽

4 "제주목사(濟州牧使)."[『高宗實錄』, 高宗 28年(1891) 8月 1日] "찰리사(察理使) 겸 제주목사(察理使兼濟州牧使)에 이규원(李奎遠)."[『承政院日記』, 高宗 28年(1891) 8月 5日] "제주진병마수군절제사 전라도 수군방어사(兼濟州鎭兵馬水軍節制使全羅道水軍防禦使)."[『承政院日記』, 高宗 28年(1891) 8月 9日]

5 "고종은 오랫동안 재위하여 신하들의 현부(賢否)를 잘 파악하고 있었지만 문제가 심각할 경우에야 적합한 인재를 기용하곤했다. 그 예로 북청민란 때 이규원은 남병사(南兵使)에 임명되어 진압했다."(黃玹, 1995, 甲午以前 下, 『梅泉野錄』 卷之一, 國史編纂委員會, 114~115쪽)

6 『高宗實錄』, 高宗 28年(1891) 8月 20日

7 督辦交涉通商事務 閔種默→日本辦理公使 梶山鼎介, 1892年6月26日(음력6.3), 「2069號 濟州島吳東杓等殺傷事件과 前後案犯의 徹底拿懲 및 償命要求」(高麗大學校亞細亞問題硏究所編, 「日案」, 『舊韓國外交文書』, 2卷, 高麗大學校出版部, 1965)

8 日本辦理公使 梶山鼎介→督辦交涉通商事務 閔種默, 1892年7月15日(음력6.22), 「2077號 日人의 濟州禁漁關文撤消要請」(高麗大學校亞細亞問題硏究所編, 「日案」, 『舊韓國外交文書』, 2卷, 高麗大學校出版部, 1965)

9 『高宗實錄』, 高宗 20年 (1883) 6月 22日

10 조일통상장정세칙(朝日通商章程稅則)이 체결되었다[『高宗實錄』, 高宗 20年 (1883) 6月 22日].

11 "사사로이 화물을 무역할 수 없으며, 위반한 자에 대해서는 그 화물을 몰수한다. 그러나 잡은 물고기를 사고 팔 경우에는 이 규정에 구애되지 않는다. 피차 납부해야 할 어세(魚稅)와 기타 세목(細目)은 2년 동안 시행한 뒤 그 정황을 조사하여 다시 협의하여 결정한다."[『高宗實錄』 高宗 20年(1883) 6月 22日)]

12 『承政院日記』, 高宗 30年(1893) 10月 28日

13 『承政院日記』, 高宗 31年 (1894) 1月 27日. 이규원은 1892년[壬辰] 가을 흉년에 쌀 3천석을 요청하여 백성의 원납(願納)을 받아서 제주 백성을 구휼[賑給]했다. 1894년[甲午] 여름에 크게 가물어[大旱] 지역의 산천에 기우제[禱雨]를 지냈다.[증보탐라지편찬위원회, 2004, 『(增補)耽羅誌』, 제주문화원; 이혜은·이형근, 2006, 『만은(晩隱) 이규원의 울릉도검찰일기(鬱陵島檢察日記)』, 한국해양수산개발원, 150쪽)]

14 『高宗實錄』, 高宗 31年(1894) 2月 3日

15 『承政院日記』, 高宗 31年(1894) 9月 19日

16 향현사유허비(鄕賢祠遺墟碑). 향현사는 1843년(헌종 9)에 이원조 제주목사가 세종 때 한성판윤을 지낸 영곡(靈谷) 고득종(高得宗)을 추향(追享)하기 위해 귤림서원 옆에 세운 사당으로, 비석은 제주목사 이규원(李奎遠)이 1893년(고종 30) 정월에 향현사의 유허지에 세웠다.

17 오현단(五賢壇) 소재한 노봉 김선생흥학비(蘆峯金先生興學碑). 김정(金政)은 영조 10년(1735)에 제주도에 부임했는데 청백한 덕이 있었는데 학문을 진흥시키는 것으로 자기의 책임을 삼아 삼천서당을 창건했다.

18 증보탐라지편찬위원회, 2004, 『(增補)耽羅誌』, 제주문화원; 이혜은·이형근, 2006, 『만은(晩隱) 이규원의 울릉도검찰일기(鬱陵島檢察日記)』, 한국해양수산개발원, 150쪽.

19 "군무아문대신(軍務衙門大臣)."[『高宗實錄』, 高宗 31年(1894) 7月 15日] "군무아문 서리 대신(軍務衙門署理大臣) 조희연(趙羲淵)."[『高宗實錄』, 高宗 31年(1894) 7月 20日] "군무대신(軍務大臣) 조희연(趙羲淵)."[『高宗實錄』, 高宗 31年(1894) 11月 21日] 갑오개혁 이후 실제 군무대신은 조희연이 수행했다.

20 『承政院日記』, 高宗 31年(1894) 11月 16日

21 鄭寅書, 2006, 「晩隱公遺事」『만은(晩隱) 이규원의 울릉도검찰일기(鬱陵島檢察日記)』, 한국해양수산개발원, 126쪽

22 『承政院日記』, 高宗 31年(1894) 12月 10日

23 "함경도 경성부관찰사(鏡城府觀察使)."[『高宗實錄』, 高宗 32年(1895) 5月 29日; 『承政院日記』, 高宗 32年(1895) 11月 26日]

24 『承政院日記』, 高宗 32年(1895) 11月 27日

25 『承政院日記』, 高宗 33年(1896) 1月 16日(양력 2월 28일)

26 『承政院日記』, 高宗 33年(1896) 3月 26日(양력 5월 8일)

27 『各部請議書存案』 3, 建陽 2년(1897) 10月 3日; 국사편찬위원회, 2016, 『사료 고종시대사』 21.

28 『高宗實錄』, 高宗 33年(1896) 7月 17日

29 『承政院日記』, 高宗 34年(1897) 5月 4日(양력 6월 3일)

30 『高宗實錄』, 高宗 36年(1899) 7月 27日

31 『承政院日記』, 高宗 36年(1899) 7月 24日(양력 8월 29일)

32 鄭寅書, 2006, 「晩隱公遺事」『만은(晩隱) 이규원의 울릉도검찰일기(鬱陵島檢察日記)』, 한국해양수산개발원, 126쪽; 『高宗實錄』, 高宗 37年(1900) 7月 19日

33 『高宗實錄』, 高宗 37年(1900) 10月 4日

34 『學部來去文』 9, 光武 4년 10月 11日; 국사편찬위원회, 2016, 『사료 고종시대사』 24.

35 『承政院日記』, 高宗 38年(1901) 3月 22日(양력 5월 10일) 1910년 8월 만은공(晩隱公) 이규원은 '장희(莊僖)'라는 시호를 받았다(『純宗實錄』, 純宗 3年(1910) 8月 20일). 그 뜻은 무예에 능하고 행동을 가벼이 하지 않는 것을 의미했다(武能持重曰莊, 小心恭愼曰僖). 이규원의 호는 만은(晩隱)인데 이것은 '마지막 은둔'이라는 현실 도피를 의미했다.

에필로그

1 『高宗實錄』, 高宗18年(1881) 5月 22日.

2 『日本外交文書』(14), 10事項, 160號, 明治14年(1881) 8月 27日, 「朝鮮國蔚陵島へ我國民入往魚採候儀ニ付上申ノ件」, 外務卿代理 上野景範外務大輔→三條太政大臣宛: 송병기, 2004, 『독

도영유권자료선』, 한림대학교, 156~167쪽.

3 『日本外交文書』(14), 10事項, 160號, 明治14年(1881) 8月 20日, 「朝鮮國蔚陵島へ我國民入往魚採候儀ニ付上申ノ件 附屬書 二」, 日本外務卿代理 上野景範 外務大輔→禮曹判書 沈舜澤.

4 『日本外交文書』(14), 10事項, 161號, 明治14年(1881) 10月 7日, 「朝鮮國蔚陵島ノ儀ニ付朝鮮政府へ送輸ノ儀上申ノ件 附屬書 一」, 井上馨外務卿→禮曹判書 沈舜澤.

5 "울릉도에서 작벌을 금하는 것은 우리나라의 성전(成典)인데, 일본 정부가 사핵하여 철수하여 돌아가게 하고 특별히 금령을 신칙하여 신의가 득실합니다."(『日本外交文書』(14), 10事項, 161號, 辛巳(1881)12月4日, 「朝鮮國蔚陵島ノ儀ニ付朝鮮政府へ送輸ノ儀上申ノ件 附屬書 一」, 經理事李載冕→外務二等屬 副田節)

6 『高宗實錄』, 高宗 19年(1882) 6月 16日; 『承政院日記』, 高宗19年(1882) 6月 16日.

7 『日本外交文書』(15), 158號, 明治15年(1882) 12月 16日.

8 『高宗實錄』, 高宗 19年(1882) 8月 20日.

9 『各司謄錄(27)』, 「江原監營關牒」, 壬午年(1882) 9月 6日, 453쪽; 『各司謄錄(27)』, 「江原監營關牒」, 癸未年(1883) 3月 15日, 463쪽.

10 송병기, 2010, 『울릉도와 독도, 그 역사적 검증』, 역사공간, 178쪽.

11 "鬱陵島開拓時船格粮米雜物容入假量成冊." 高宗 20年(1883) 4月[奎17041]; 신용하, 1999, 『독도영유권 자료의 탐구』, 독도연구보전협회, 117쪽.

12 『各司謄錄(27)』, 「江原監營關牒」, 癸未年(1883) 6月 7日, 466쪽.

13 "江原道鬱陵島新入民戶人口姓名年歲及田土起墾數爻成冊."[光緖 9年, 高宗 20年(1883), 癸未 7月, 奎 17117: 신용하, 1999, 『독도영유권 자료의 탐구』, 독도연구보전협회, 121쪽]

14 『高宗實錄』, 高宗 21年(1884) 3月 15日; 『高宗實錄』, 高宗 21年(1884) 6月 30日; 『高宗實錄』, 高宗 25年(1888) 2月 6日.

15 『承政院日記』, 高宗 21年(1884) 7月 13日.

후기

1 김영수, 2018, 「고종과 이규원의 울릉도와 독도 위치와 명칭에 관한 인식과정」, 『사림』 63, 37쪽.

2 이선근, 1965, 「울릉도 및 독도 탐험 소고」, 『독도』, 대한공론사; 신용하 편저, 2000, 『독도영유권 자료의 탐구』 3권, 독도연구보전협회; 이혜은, 2006, 『만은(晩隱) 이규원의 울릉도검찰일기(鬱陵島檢察日記)』, 한국해양수산개발원.

3 이한기, 1969, 『한국의 영토』, 서울대학교출판부, 250~251쪽; 신용하, 2005, 『일본의 한국침략과 주권침탈, 서울, 경인출판사, 287~292쪽; 김호동, 2007, 『독도 울릉도의 역사』, 경인문화사, 170쪽; 선우영준, 2006, 「독도 영토권원의 연구」, 성균관대학교 행정학과 박사논문, 264쪽.

4 김호동, 2003, 「이규원의 울릉도 검찰 활동의 허와 실」, 『대구사학』 71, 12쪽.

5 송병기, 2005, 『울릉도와 독도』, 단국대학교출판부, 87, 121~123쪽.

6 신용하, 2006, 『한국의 독도영유권 연구』, 경인문화사, 30쪽.

7 박은숙, 2012, 「동남제도 개척사 김옥균의 활동과 영토 영해 인식」, 『동북아역사논총』 36, 99~102쪽.

8 박성준, 2014, 「1880년대 조선의 울릉도 벌목 계약 체결과 벌목권을 둘러싼 각국과의 갈등」, 『동

북아역사논총』 43, 125, 144쪽; 이규태, 2013, 「울릉도 삼림채벌권을 둘러싼 러일의 정책」, 『사총』 79, 203쪽. 최근 1880년대 일본인의 울릉도 불법 침입 연구가 활발히 진행되었다(박병섭, 2010, 「한말 일본인의 제3차 울릉도 침입」, 『한일관계사연구』 35; 송휘영, 2015, 「개항기 일본인의 울릉도 침입과 울릉도도항금지령」, 『독도연구』 19; 박지영, 2020, 「야마구치현 주민의 울릉도 침탈사건에 대한 연구」, 『독도연구』 28; 유미림·박배근, 2021, 「1883년 태정관의 울릉도 도항금지 전후 조·일 교섭과 울릉도 도항 일본인의 법적 처리」 『영토해양연구』 21; 박한민, 2022, 「1880~1890년대 울릉도 물산을 둘러싼 분쟁과 조일 양국의 대응」, 『사학연구』 148). 박한민은 김옥균과 연결되어 울릉도벌목을 수행한 다무라 쇼타로(田村正太郞) 소송 사건을 상세히 다뤘다(박한민, 2021, 동남제도개척사 김옥균의 울릉도 목재 반출과 채무 상환을 둘러싼 조일 교섭, 동북아역사논총 73).

9 김수희, 『근대 일본어민의 한국진출과 어업경영』, 경인문화사, 2010, 19쪽; 이영학, 1995, 「개항 이후 일제의 어업 침투와 조선 어민의 대응」, 『역사와 현실』 18.

10 정광중, 2006, 「이규원(李奎遠)의 『울릉도검찰일기』에 나타난 지리적 정보」, 『국토지리학회』 40-2, 227쪽.

11 이혜은, 2009, 「1882년의 울릉도 지리환경」, 『문화역사지리』 21-2, 130쪽.

12 이혜은, 2012, 「개척기 울릉도의 지리경관」, 『한국사진지리학회지』 22-4, 15, 23쪽.

13 김기혁, 2011, 「조선 후기 울릉도의 搜討기록에서 나타난 부속 도서 지명 연구」, 『문화역사지리』 23-2, 137쪽.

14 김기주, 2012, 「조선후기-대한제국기 울릉도 독도 개척과 전라도인의 활동」, 『대구사학』 109, 93~94쪽.

15 양태진, 2013, 「조선 정부의 영토관할정책 전환에 대한 고찰」, 『영토해양연구』 6, 273쪽.

16 이홍권, 2020, 「검찰사 이규원의 생애와 영토수호 활동」, 『이사부와 동해』 16.

17 이홍권, 2019, 「고종의 울릉도 關防정책과 이규원의 울릉도 수토」, 『이사부와 동해』 15, 260, 269쪽

18 국립제주박물관편, 2004, 『察理使 李奎遠』, 통천문화사; 이혜은·이형근, 2006, 『만은(晩隱) 이규원의 울릉도검찰일기(鬱陵島檢察日記)』, 한국해양수산개발원, 217쪽.

19 李奎遠, 光緖八年(1882) 壬午 六月, 「啓草本」; 李奎遠, 1882.5.8, 『鬱陵島檢察日記』.

20 鄭寅書, 2006, 「晩隱公遺事」, 『만은(晩隱) 이규원의 울릉도검찰일기(鬱陵島檢察日記)』, 한국해양수산개발원, 128쪽.

21 "신이 섬에 도착한 뒤에 먼저 높은 곳은 걸어 다녔고, 다시 배를 몰아 산기슭을 살펴서 발길이 이르지 않은 곳이 없으므로 섬의 형세가 눈에 선하나, 다만 문장(文辭)에 능하지 못하여 누락된 것이 많을 것입니다. 이러한 연유에서 계문을 작성하여 급히 올렸습니다(臣於入島之後 旣步履其高巓 復舟駛其山麓 包日之間 足跡無所不到 全島形勝 暸然在目 而惟其拙於文辭 尙多掛漏是白乎旀 緣由馳 啓爲白臥乎事云云)."[李奎遠, 光緖八年(1882) 壬午 六月, 「啓草本」]

22 이혜은·이형근, 2006, 『만은(晩隱) 이규원의 울릉도검찰일기(鬱陵島檢察日記)』, 한국해양수산개발원.

23 鄭寅書, 2006, 「晩隱公遺事」 『만은(晩隱) 이규원의 울릉도검찰일기(鬱陵島檢察日記)』, 한국해양수산개발원, 128쪽

24 이혜은·이형근, 2006, 「後記」, 『만은(晩隱) 이규원의 울릉도검찰일기(鬱陵島檢察日記)』, 한국해양수산개발원, 129쪽. 1884년 1월 5일 統理交涉通商事務衙門主事 鄭萬朝를 畿沿海防軍司馬에 差下(임명)하다.[承政院日記, 高宗 21年(1884) 1月 5日] 정만조의 관직 경력을 살펴보면 다음과 같다. "기연해방아문(畿沿海防衙門)이 아뢰기를 본 아문의 군사마(軍司馬) 정만조(鄭萬朝)와 이경직

(李庚稙)이 모두 신병이 있어서 직임을 살피기가 매우 어려우니, 지금 우선 감하하는 것이 어떻겠습니까?"[『承政院日記』, 高宗 22年(1885) 1月 15日] 궁내부 비서관(宮內府祕書官) 정만조(鄭萬朝)를 겸임 장례원장례(兼任掌禮院掌禮)에 임용했다.[『承政院日記』, 高宗 32年(1895) 6月 10日] 궁내부 대신비서관(宮內府大臣祕書官) 정만조(鄭萬朝)를 궁내부 관제조사위원(宮內府官制調査委員)에 임명했다.[『承政院日記』, 高宗 32年(1895) 10月 9日] "고등재판소의 판결에 따라 15년 유배의 처분을 받은 죄인 정만조(鄭萬朝)는 배소를 나주부(羅州府) 진도(珍島) 금갑도(金甲島)로 정하다."[『承政院日記』, 高宗 33年(1896) 3月 9日[양력 4월 21일]] 아관파천 이후 1896년 4월 무정공(茂亭公) 정만조(鄭萬朝, 1858~1936)는 을미사변에 연루되었다는 혐의로 서주보(徐周輔)·정병조(鄭丙朝)·김경하(金經夏)·이태황(李台璜)·우낙선(禹洛善)·전준기(全晙基)·이범주(李範疇)·홍우덕(洪祐德)·정인흥(鄭寅興) 등과 함께 구금되었다. 우낙선과 함께 15년형에 처해져 전라도 진도에 위치한 금갑도(金甲島)로 유배되었다. 12년간 유배생활을 하다가 1907년 11월 고종이 강제 퇴위를 당한 후에 사면되었다. 1927년 4월 조선사편수회 위원에 위촉되어 사망할 때까지 담당했다(정은진, 2010, 「茂亭 鄭萬朝의 친일로 가는 思惟」, 『大東漢文學』 33; http://encykorea.aks.ac.kr).

25 이혜은·이형근, 2006, 「後記」, 『만은(晩隱) 이규원의 울릉도검찰일기(鬱陵島檢察日記)』, 한국해양수산개발원, 129쪽. 정인서에 따르면 "이규원의 아들은 일찍 죽고 손자 건춘(建春), 건웅(建雄) 형제 겨우 강보(襁褓)를 면하여 고독하고 집안내 친척들 중 능히 이규원의 당시 일들을 말할만한 사람이 없었다. 전해져 내려오는 소책자에 공의 관직이력이 있었고, 군현 재임 시 전최(殿最)와 감사(監司), 어사(御史)의 여러 차례에 걸친 칭찬하는 보고서가 있었다."[鄭寅書, 1961, 「軍部大臣李公諱奎遠遺」, 1961: 이혜은·이형근, 2006, 『만은(晩隱) 이규원의 울릉도검찰일기(鬱陵島檢察日記)』, 한국해양수산개발원, 128쪽]

이 책의 기초가 된 논문과 저서

- 김영수, 2018, 「고종과 이규원의 울릉도와 독도 위치와 명칭에 관한 인식 과정」, 『사림』 68.
- 김영수, 2019, 『제국의 이중성: 근대 독도를 둘러싼 한국·일본·러시아』, 동북아역사재단.
- 김영수, 2022, 「1882년 울릉도검찰사 전후 이규원의 활동과 조선 정부의 울릉도 이주정책」, 『이사부와 동해』 18-19.
- 김영수, 2023, 「1882년 울릉도검찰사 이규원의 수토과정: 서울 출발부터 울릉도 도착까지」, 『울진, 수토와 월성포진성 연구』
- 김영수, 2023, 「1882년 이규원의 울릉도 검찰과정과 이주정책: 울릉도 출발과 서울 도착을 중심으로」, 『독도연구』 35.

찾아보기

ㄱ

ㄴ

울릉도 1882-검찰사 이규원의 시간 여행

초판 1쇄 발행 2024년 7월 30일

지은이 김영수
펴낸이 박지향
펴낸곳 동북아역사재단

등 록 제312-2004-050호(2004년 10월 18일)
주 소 서울시 서대문구 통일로 81, NH농협생명빌딩
전 화 02-2012-6065
팩 스 02-2012-6189
홈페이지 www.nahf.or.kr
제작·인쇄 청아출판사

ISBN 979-11-7161-129-4 03910